Anleitung zur Planung und Auswertung von Feldversuchen mit Hilfe der Varianzanalyse

Von

Dipl.-Ing. J. J. Post

Aus dem Niederländischen übersetzt von

Professor Dr. Cornelia Harte

Mit 14 Abbildungen

Springer-Verlag Berlin Heidelberg GmbH 1952

ISBN 978-3-540-01649-6   ISBN 978-3-642-92577-1 (eBook)
DOI 10.1007/978-3-642-92577-1

Geleitwort.

Wenn auch die Anzahl derjenigen, die den Inhalt dieses Buches durcharbeiten und in sich aufnehmen werden, nicht allzu groß sein wird, so meinten wir doch, es herausgeben zu müssen. Außer bei denjenigen, die auf dem Gebiet des Gartenbaus arbeiten, wird es zweifellos auch bei anderen Interesse finden. Durch die weitere Entwicklung der Forschung ist es notwendig geworden, daß diejenigen, die die Ergebnisse verarbeiten und die Folgerungen daraus ziehen müssen, gut orientiert sind über die Methoden, die hierfür bestehen. Statt daß alle Untersucher sich in diese nicht immer einfache Materie einarbeiteten, hielten wir es für wünschenswert, daß einer sich hierin spezialisierte.

Alle diejenigen, die diese Ergebnisse bei ihrer Arbeit nötig haben, werden Herrn Dipl.-Ing. J. J. Post dankbar sein, daß er ihnen das Ergebnis seiner Arbeit in dieser Form zur Verfügung stellt.

A. W. van de Plassche.

Vorwort zur deutschen Ausgabe.

Die Bemühungen um eine richtige Deutung der Ergebnisse biologischer Untersuchungen haben in den vergangenen Jahren die Herausgabe einer Anzahl von Lehrbüchern und kürzeren Anleitungen für die statistische Auswertung von Versuchsdaten veranlaßt. Die größeren Werke, die sich mit den Grundlagen der biologischen Statistik befassen, sind aber so umfangreich, daß vielen die Zeit fehlen wird, sie gründlich durchzuarbeiten, während die kurz gefaßten Anleitungen sich fast ausschließlich mit den einfachen Methoden befassen, die für eine ausreichende Auswertung von umfangreichen Versuchsreihen nicht genügen. Die Erkenntnis, daß diese Lücke ausgefüllt werden müßte und auch die modernen statistischen Methoden sich so darstellen lassen, daß sie für Nicht-Mathematiker verständlich und anwendbar sind, veranlaßte Herrn Dipl.-Ing. Post, die vorliegende Darstellung zu schreiben, da auch die englischen Originalarbeiten, denen die dargestellten Methoden entnommen sind, nur wenigen zugänglich sind. Das Buch hat sich für die praktische Auswertung von Versuchsdaten sehr gut bewährt, ist aber durch den holländischen Text der Originalausgabe nur wenig bekanntgeworden. Die Übersetzung wurde dadurch veranlaßt, daß auch in deutscher Sprache eine kurze, allgemeinverständliche Darstellung moderner statistischer Methoden, die für biologische Untersuchungen geeignet sind, bisher fehlt. Insbesondere die vollständig ausgearbeiteten Beispiele der Rechenschemata, die sich sinngemäß auf andere Versuche übertragen lassen, deren Brauchbarkeit sich demnach nicht nur auf Feldversuche beschränkt, lassen eine allgemeine Verbreitung des leicht verständlichen Buches wünschenswert erscheinen.

Köln, im März 1952.

C. Harte.

Vorwort der holländischen Ausgabe.

Das Interesse für die Versuchsfeldtechnik hat in den letzten Jahren stark zugenommen. Zum Teil ist dies der Entwicklung einer Methode zu verdanken, die bekannt ist unter dem Namen „Methode Fisher" (im Deutschen meist als „Varianzanalyse" bezeichnet), einer Methode der mathematischen Verarbeitung von Beobachtungsergebnissen, die es uns ermöglicht, mit einfachen Hilfsmitteln die Zuverlässigkeit des erhaltenen Zahlenmaterials zu prüfen. Allerdings hat nicht jeder die Gelegenheit, diese Methode und die zweckmäßigste Art der Planung von FISHER-Versuchen an Hand der (meist englischen und amerikanischen) Original-Literatur zu studieren. Dieses Buch bezweckt nun in erster Linie, allen, die viel mit Versuchen dieser Art zu tun haben, bei der mathematischen Auswertung der Versuchsfeldergebnisse zu helfen.

Ich danke Herrn Prof. R. A. FISHER und den Verlegern Oliver and Boyd Ltd. Edinburgh für die Erlaubnis, die t-Tabelle aus ,,Statistical Methods for Research Workers" und Herrn Prof. G. W. SNEDECOR für die Erlaubnis des Abdrucks der F-Tabelle aus ,,Statistical Methods".

Es wurde versucht, alles so einfach wie möglich darzustellen: es ist also sehr gut möglich, daß sachkundige Leser dem Verfasser einige technische Unvollkommenheiten nachweisen können.

Nach einigen allgemeinen Bemerkungen (Kap. I bis III) wird in den Kap. IV bis X die statistische Auswertung der Beobachtungsergebnisse von einfachen und komplizierteren Versuchsfeldern behandelt. Eine Anzahl ausgearbeiteter Vorlagen wird im Anhang gegeben. Im Zusammenhang mit der im Kap. XII zu behandelnden Kovarianz-Methode mußte in Kap. XI die Korrelations- und Regressionsberechnung dargestellt werden. Weiter wurde versucht, in einem gesonderten Kapitel (XIII) einen Eindruck zu vermitteln von den Faktoren, mit denen der Forscher und der Versuchstechniker im allgemeinen zu rechnen haben. Zum Schluß werden in Kap. XIV einige Schemata für Versuchsfelder gegeben. Hierin verbirgt sich die Gefahr einer kritiklosen Übernahme dieser Schemata. Es wird bereits hier darauf hingewiesen, daß man gut daran tut, bevor man zur endgültigen Versuchsplanung oder -anlage übergeht, die Besonderheiten zu überlegen. Dies kann viel Arbeit ersparen und Enttäuschungen verhüten.

Ich hoffe, daß dies Buch beitragen möge zur Vermehrung der technisch richtig angelegten Versuche.

s'Gravenhage, Januar 1945.

J. J. Post.

Berichtigung.

Seite 60, Berechnung von $\sigma_{b\,xy}$ und $\sigma_{b\,yx}$: Wurzelzeichen bezieht sich jeweils nicht nur auf den Zähler, sondern auch auf den Nenner.

Inhaltsverzeichnis.

Verzeichnis der verwendeten Abkürzungen.

b	= Regressionskoeffizient	S. q. A.	= Summe der quadratischen Abweichungen
F. G.	= Freiheitsgrade	t	= Sicherheitskoeffizient
F-Wert	= Quotient aus $\dfrac{\sigma^2_{systematisch}}{\sigma^2_{Zufall}}$	T	= Summe aller Beobachtungen eines Versuchs
I	= Minimumwert für gesicherte Kombinationswirkungen (interactions)	u	= Abweichung einer Beobachtung vom Mittelwert
M	= arithmetisches Mittel	V	= Minimumwert für gesicherte Differenzen
m. F.	= mittlerer Fehler des Mittelwertes	$\bar{x}$	= andere Schreibweise für M
n	= Anzahl der Beobachtungen	$\sigma_{\bar{x}}$	= m. F.
p	= Wahrscheinlichkeit	σ_x	= mittlerer Fehler der einzelnen Beobachtung, Streuung
r	= Korrelationskoeffizient		

I. Der Mittelwert und der mittlere Fehler.

Wenn man einen Eindruck erhalten will von der Länge, der Breite oder dem Gewicht eines bestimmten Objektes (Pflanzen, Zwiebel, Wurzel, Tisch od. ä.), dann kann man in der Regel Genüge nehmen mit einer einzigen Bestimmung. Diese Bestimmung kann allerdings keinen Anspruch erheben auf Genauigkeit bzw. Sicherheit im mathematischen Sinn. Es ist deutlich, daß, wenn das gleiche Objekt mehrmals gemessen oder gewogen wird, das Mittel aus dieser Anzahl von Messungen oder Wägungen ein viel genauerer Wert ist, als eine einmalige Bestimmung. Mit jeder einmaligen Beobachtung sind kleine Fehler verbunden. Meß- und Wägefehler, die nicht zu vermeiden sind. Diese kleinen Fehler werden die zufälligen oder wahren Fehler, auch wohl zufällige Abweichungen genannt. Dadurch, daß man das gleiche Objekt nicht nur einmal, sondern mehrmals mißt oder wägt und aus diesen Ergebnissen einen mittleren Wert berechnet, werden die zufälligen Fehler der einen Beobachtung mehr oder weniger ausgeglichen durch die zufälligen Fehler, die mit der anderen Beobachtung verbunden sind. Je mehr Beobachtungen (Bestimmungen) gemacht werden, desto mehr Ausgleichsmöglichkeiten sind vorhanden.

Neben den genannten wahren Fehlern kennen wir die sogenannten scheinbaren Fehler oder Abweichungen. Dies sind die Abweichungen der einmaligen Beobachtungen von dem Mittelwert, der aus einer Reihe von einmaligen Beobachtungen abgeleitet wird. Wir nennen eine einmalige Beobachtung x_k (k kann sein 1, 2, ... usw.) und den Mittelwert einer Reihe von Beobachtungen $\bar{x}$ (oder M). Der scheinbare Fehler ist also zu definieren als $u_k = x_k - \bar{x}$, wobei $\bar{x} = \dfrac{S_x}{n}$. ($S\,x$ bedeutet die Summe aller Beobachtungen x, also $x_1 + x_2 + x_3 + x_k + \cdots x_n$. $S\,x$ wird auch wohl geschrieben $\Sigma\,x$ oder $[x]$; für den Buchstaben u findet man in der Literatur auch wohl den Buchstaben v oder d.) Die Summe aller scheinbaren Abweichungen ist 0 ($\Sigma\,u = 0$), denn $\Sigma\,u = \Sigma\,x - n\,\bar{x}$.

Das Wort *gesichert* wurde bereits verwendet. Ein Mittelwert wurde für unser Gefühl gesicherter in dem Maße, wie er aus mehr Beobachtungen berechnet wurde. Unser Gefühl ist jedoch ein sehr subjektiver Maßstab für die Zuverlässigkeit. Was der eine als einen gesicherten Mittelwert ansieht, ist für den anderen noch sehr ungesichert. Wir empfinden also direkt das Bedürfnis nach einem objektiven Maßstab für die Sicherung eines Mittelwertes, und dieser Maßstab ist der *mittlere Fehler* (m. F.) *des Mittelwertes*, der mit dem Symbol $\sigma_{\bar{x}}$ (Sigma) bezeichnet wird (auch wohl mit m).

$\sigma_{\bar{x}}$ wird berechnet nach der Formel:

$$m = \sigma_{\bar{x}} = \sqrt{\frac{\Sigma\,u^2}{n\,(n-1)}}.$$

σ, der *mittlere Fehler der einzelnen Beobachtung*, wird berechnet nach der Formel:

$$\sigma = \sqrt{\frac{\Sigma u^2}{n-1}}.$$

Für den Buchstaben σ gebraucht man meist den Ausdruck Standardabweichung oder Streuung, $\sigma_{\bar{x}}$ wird genannt: der mittlere Fehler.

Bemerkung[1]: $u = x - \bar{x}$. n = Anzahl Beobachtungen.

Σu^2 kann auch geschrieben werden als $S\,u^2$ oder $[u^2]$.

Σu^2 wird genannt: die Quadratsumme der Abweichungen.

Wir sehen also, daß die Größe des mittleren Fehlers abhängig ist

1. von der Größe der scheinbaren Fehler. Wenn die Abweichungen der einzelnen Beobachtungen vom Mittelwert groß sind, dann erreicht Σu^2 einen sehr großen Wert.

2. von der Anzahl Beobachtungen. Je größer n ist, desto kleiner kann der Bruch werden.

In der Literatur findet man oft andere Symbole angegeben an Stelle des Buchstaben u. Die Formeln findet man auch wohl in dieser Form:

$$\text{Mittlerer Fehler des Mittelwertes} = \sqrt{\frac{\Sigma v^2}{n(n-1)}} \text{ oder } \sqrt{\frac{\Sigma d^2}{n(n-1)}}$$

$$\text{bzw. mittlerer Fehler der Einzelbeobachtung:} \sqrt{\frac{\Sigma v^2}{n-1}} \text{ oder } \sqrt{\frac{\Sigma d^2}{n-1}}.$$

Je kleiner nun der mittlere Fehler des Mittelwertes in bezug auf den Mittelwert ist, desto gesicherter ist der Wert von $\bar{x}$.

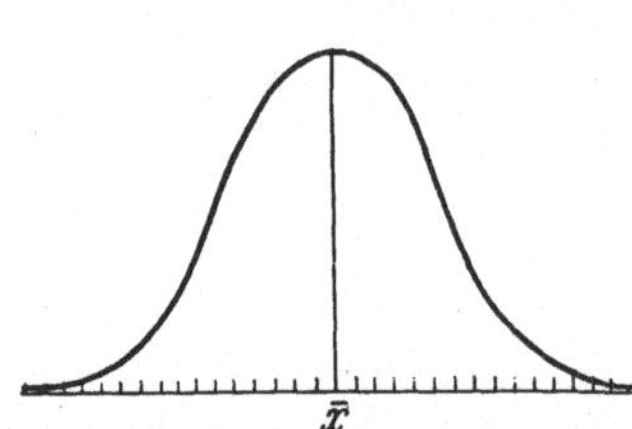

Abb. 1. Anzahl Bohnen bestimmter Länge (Häufigkeit) in mm.

Wenn wir die Formel für den mittleren Fehler der Einzelbeobachtung vergleichen mit derjenigen für den mittleren Fehler des Mittelwertes, dann sehen wir, daß $\sigma_{\bar{x}}$ kleiner ist als σ, nämlich $\sigma_{\bar{x}} = \dfrac{\sigma}{\sqrt{n}}$.

Dies stimmt vollständig mit unseren Erwartungen überein. Die Fehler, die dem Mittelwert anhängen, sind kleiner als die Fehler, die mit einer einzelnen Beobachtung verbunden sind. *Wäre das Gegenteil der Fall, dann hätte die Berechnung eines Mittelwertes keinen Sinn.*

Es erhebt sich jetzt die Frage: wie groß muß das Verhältnis $\bar{x} : \sigma_{\bar{x}}$ sein, um den Mittelwert einen gesicherten Wert nennen zu können. Im allgemeinen gilt hierfür $\dfrac{\bar{x}}{\sigma_{\bar{x}}} \geqq 3$. $\dfrac{\bar{x}}{\sigma_{\bar{x}}} = t$ = Sicherheitskoeffizient. Wie wir zu dieser Zahl 3 kommen, kann auf folgende Weise erklärt werden:

Führen wir an 1000 Bohnen Längenmessungen aus, dann können wir das Ergebnis der Messungen graphisch darstellen. Wir notieren also immer a Bohnen von 10 mm, b Bohnen von 11 mm usw. Die graphische Darstellung wird dann aussehen wie Abb. 1.

Weitaus die meisten Bohnen werden ungefähr die mittlere Länge besitzen.

---

[1] Für die theoretische Ableitung dieser Formeln vgl. M. J. van Uven: Mathematical treatment of the results of agricultural and other experiments.

Es werden nur verhältnismäßig wenige sehr kleine und wenige sehr große Bohnen vorkommen. Eine derartige graphische Darstellung nennt man eine Häufigkeitskurve. Wenn wir die Standardabweichung σ für diese 1000 Beobachtungen berechnen und diesen Wert zu beiden Seiten des Mittelwertes auftragen, dann sehen wir das Folgende: zwischen $\bar{x} + 3\,\sigma$ und $\bar{x} - 3\,\sigma$ liegen praktisch alle Beobachtungen (Abb. 2). Wenn wir bei der Messung einer neuen Gruppe von Bohnen einer unbekannten Sorte finden, daß der Mittelwert der neuen Gruppe rechts oder links von $3 \times \sigma$ der alten Gruppe liegt, dann können wir mit Sicherheit sagen, daß diese neue Gruppe von Bohnen zu einer anderen Rasse gehört. Die Zahl 3 ist in diesem Fall also der Maßstab zur Beurteilung eines Rassenunterschiedes. Wir ersehen aus der graphischen Darstellung, daß bereits zwischen $+2\,\sigma$ und $-2\,\sigma$ der übergroße Teil der Beobachtungen liegt, und oft wird in der Praxis für das Verhältnis $\bar{x}/\sigma$ die Zahl 2 als Maßstab genommen für die Sicherheit des Mittelwertes. Die gleiche Überlegung gilt für das Verhältnis $\bar{x}/\sigma_{\bar{x}}$. Wenn wir den mittleren Fehler in % des Mittelwertes ausdrücken, erhalten wir den Koeffizient der Variabilität. $\dfrac{\sigma_{\bar{x}} \times 100}{\bar{x}}\%$ ist also ein Maß für die Variabilität des Mittelwertes. Auf den Wert des Koeffizienten der Variabilität wird in dem Kapitel „Blankoversuche" näher eingegangen werden.

In der Praxis kommt es meist nicht darauf an, von einem bestimmten Objekt den genauen (wahren) Wert (Länge, Gewicht oder Anzahl) zu wissen. Wir wollen einen Eindruck erhalten von dem Mittelwert einer Gruppe von Objekten der gleichen Sorte (z. B. das mittlere Gewicht von 100 Tomaten oder die mittlere Länge

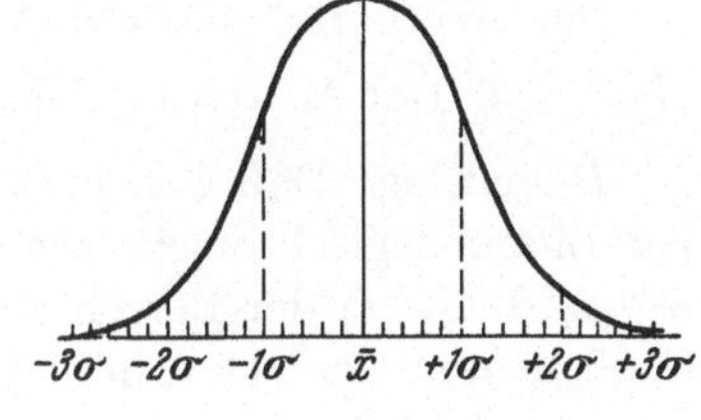

Abb. 2.

einer Anzahl Erbsenpflanzen). Wir messen oder wägen in diesem Fall nicht eine Frucht oder Pflanze, sondern wir machen eine Reihe von Bestimmungen von einer Anzahl verschiedener Individuen. σ gibt uns dann einen Eindruck von der Größe der Schwankungen von Gewicht oder Länge innerhalb einer bestimmten Gruppe. Es ist dazu notwendig, ziemlich viele Wägungen oder Messungen durchzuführen, und zwar unter stets gleichen äußeren Bedingungen. Beobachtungen, die unter den gleichen Bedingungen vorgenommen wurden, nennen wir Parallelbeobachtungen oder Parallelen. Parallelen sind notwendig, um die kleinen zufälligen Fehler so gut wie möglich zu kompensieren. Je größer die Anzahl der Parallelen, um so größer ist die Gelegenheit zur Kompensation, ein um so kleinerer mittlerer Fehler kann erwartet werden.

Für die Berechnung von σ oder $\sigma_{\bar{x}}$ ist es nicht notwendig, zuerst die Abweichungen vom Mittelwert zu bestimmen und diese zu quadrieren. Man arbeitet einfacher, indem man die Quadrate der Beobachtungen zusammenzählt und von dieser Summe das Quadrat der Summe der Beobachtungen, dividiert durch ihre Anzahl, subtrahiert, also: $\varSigma u^2 = \varSigma x^2 - \dfrac{(\varSigma x)^2}{n}$. Dies läßt sich wie folgt beweisen:

$$u = x - \bar{x}.$$

Quadrieren ergibt: $u^2 = x^2 - 2\,x\,\bar{x} + \bar{x}^2$.

Addieren ergibt: $\varSigma u^2 = \varSigma x^2 - 2\,\bar{x}\,\varSigma x + n\,\bar{x}^2$.

Bemerkung: $\bar{x} = \dfrac{\Sigma x}{n}$, $\Sigma u^2 = \Sigma x^2 - 2 \Sigma x \dfrac{\Sigma x}{n} + n \dfrac{(\Sigma x)^2}{n^2}$;

$$\Sigma u^2 = \Sigma x^2 - \frac{(\Sigma x)^2}{n}.$$

Wir wollen das Gesagte an einem einfachen Rechenbeispiel erläutern. Die Reihe der Beobachtungen umfaßt in unserem Fall 10 Zahlen, der Bequemlichkeit halber sind ganze Zahlen gewählt.

$x_1 = 2$
$x_2 = 4$
$x_3 = 3$
$x_4 = 5$
$x_5 = 4$
$x_6 = 2$
$x_7 = 2$
$x_8 = 3$
$x_9 = 2$
$x_{10} = 3$

$\Sigma x = 30$

$$\bar{x} = \frac{30}{10} = 3; \qquad \Sigma u^2 = \Sigma x^2 - \frac{\Sigma x^2}{n} = 100 - \frac{900}{10} = 10{,}0 ,$$

$$\sigma = \sqrt{\frac{\Sigma u^2}{n-1}} = \sqrt{\frac{10{,}0}{9}} = \sqrt{1{,}1111} = 1{,}05 ,$$

$$\sigma_{\bar{x}} = \sqrt{\frac{\Sigma u^2}{n(n-1)}} = \sqrt{\frac{10{,}0}{10 \times 9}} = \sqrt{0{,}1111} = 0{,}33 .$$

Koeffizient der Variabilität: für σ : $\quad \dfrac{1{,}05 \times 100}{3{,}0} = 35\% ,$

für $\sigma_{\bar{x}}$: $\quad \dfrac{0{,}33 \times 100}{3{,}0} = 11{,}0\% .$

Der Wert des Sicherheitskoeffizienten ist demnach $t = \dfrac{\bar{x}}{\sigma_{\bar{x}}} = \dfrac{3{,}0}{0{,}33} = 9{,}09,$ also > 3. Der Mittelwert ist also als ein gut gesicherter Wert aufzufassen.

Bemerkung. Daß Σx durch n dividiert wird, bevor wir Σu^2 berechnen, wird jedermann logisch erscheinen. Wir bringen damit $\bar{x}$ in dieselbe Größenordnung wie x, denn bei der Berechnung von $u = x - \bar{x}$ müssen wir von vergleichbaren Größen ausgehen. Dies muß hier bemerkt werden im Hinblick auf die Besprechungen in Kap. V.

a) Vergleich der Mittelwerte von zwei unabhängig von einander erhaltenen Reihen von Beobachtungen. Es ist oft notwendig, die Mittelwerte von zwei Beobachtungsreihen zu vergleichen und danach zu beurteilen, ob die Mittelwerte gesichert verschieden sind. Zum Beispiel finden wir für die mittlere Länge von zwei Erbsenrassen $\bar{x}_1 = 30$ mit $\sigma_{\bar{x}_1} = 6{,}5$ und $\bar{x}_2 = 40$ mit $\sigma_{\bar{x}_2} = 4{,}5$. Die Differenz $\bar{v} = 40 - 30 = 10$. Die Beurteilung der Sicherheit dieser Differenz geschieht nach der Formel:

$$\sigma_{\bar{v}} = \sqrt{\sigma_{\bar{x}_1}^2 + \sigma_{\bar{x}_2}^2} = \sqrt{42{,}25 + 20{,}25} = 7{,}91 .$$

$\dfrac{\bar{v}}{\sigma_{\bar{v}}} = \dfrac{10}{7{,}91} = 1{,}3$ also < 3. Die Differenz zwischen beiden Mittelwerten ist nicht gesichert. Trotzdem die Differenz 10 cm beträgt, ist die Variabilität innerhalb der Zahlenreihen so groß, daß die Differenz zwischen den beiden Mittelwerten nicht gesichert genannt werden kann.

b) Zusammenfassung. Einzelbeobachtungen werden bezeichnet als $x_1, x_2, x_3, \ldots, x_n$. Der Mittelwert zweier Beobachtungsreihen wird gefunden nach $\bar{x} = \dfrac{\Sigma x}{n}$. Der mittlere Fehler $\sigma_{\bar{x}}$ ist ein Maß für die Genauigkeit (Sicherheit) von $\bar{x}$ und wird berechnet nach

$$\sigma_{\bar{x}} = \sqrt{\frac{\Sigma u^2}{n(n-1)}} = \sqrt{\frac{\Sigma x^2 - \dfrac{(\Sigma x)^2}{n}}{n(n-1)}} .$$

Die Standardabweichung σ ist ein Maß für die Genauigkeit der Einzelbeobachtung und wird wie folgt berechnet:

$$\sigma = \sqrt{\frac{\sum u^2}{n-1}} = \sqrt{\frac{\sum x^2 - \frac{(\sum x)^2}{n}}{n-1}} \, .$$

Hieraus folgt $\sigma_{\bar{x}} = \dfrac{\sigma}{\sqrt{n}}$ oder in Worten: der mittlere Fehler ist n-mal so klein als die Standardabweichung.

Als Kriterium für die absolute Sicherheit gilt $\dfrac{\bar{x}}{\sigma_{\bar{x}}} \geq 3$. Der Koeffizient der Variabilität kann berechnet werden nach:

$$\frac{\sigma_{\bar{x}} \cdot 100}{\bar{x}} \qquad \text{oder als} \qquad \frac{\sigma \cdot 100}{\bar{x}} \, .$$

Der mittlere Fehler der Differenz zweier Mittelwerte ist

$$\sigma_{\bar{v}} = \sqrt{\sigma_{\bar{x}_1}^2 + \sigma_{\bar{x}_2}^2} \, .$$

Das Kriterium für die absolute Sicherheit der gefundenen Differenz

$$\bar{v} = \bar{x}_1 - \bar{x}_2 \qquad \text{ist} \qquad \frac{\bar{v}}{\sigma_{\bar{v}}} \geq 3 \, .$$

II. Kurze Einleitung in die Theorie der Varianzanalyse.

In Kap. I haben wir die Begriffe Mittelwert und mittlerer Fehler des Mittelwertes kennengelernt. Die Methode FISHER (Varianzanalyse) gibt uns die Möglichkeit, mit Hilfe dieser Begriffe und einiger Rechentechnik die Ergebnisse von Versuchsfeldern auf ihre Zuverlässigkeit hin zu prüfen. Im vorigen Jahrhundert, als die Pflanzenveredelung und allgemein die Pflanzenzucht auf einer solchen Stufe der Entwicklung stand, daß viele Neuerungen (neue Rassen, bessere Düngemittel) eine starke Steigerung des Ertrages pro Flächeneinheit bedeuteten, bestand kein Bedürfnis nach einer guten, durchgearbeiteten Versuchsfeldmethode. Die Unterschiede der neugewonnenen Rassen und besseren Kulturmaßnahmen gegenüber den bestehenden waren so groß, daß der Vorteil ohne weiteres deutlich war. In dem Maße jedoch, in dem man stets ertragreichere Rassen fand und bessere Kulturmaßnahmen ausdachte, wurden die Unterschiede im Hinblick auf das Bestehende kleiner und weniger deutlich, und es entstand ein Bedürfnis nach Methoden, die es ermöglichten, auch kleine Unterschiede statistisch zuverlässig anzuzeigen. Es war u. a. der englische Statistiker R. A. FISHER, der eine Methode entwarf, bei der die auftretenden Differenzen durch eine statistische Verarbeitung der Versuchsfeldresultate geprüft werden.

Bei dieser Methode geht man von der Annahme aus, daß auf einem Versuchsfeld zwei Einflüsse wirksam sind:

1. Die zufälligen Einflüsse oder zufälligen Fehler.

Diese lassen sich zurückführen auf die echten Fehler, die in Kap. I genannt wurden. Zu diesen echten Fehlern müssen eine Anzahl Faktoren gerechnet werden, wie:

Der eine Same hat zufällig etwas mehr Reservestoffe mitbekommen als der andere;

die eine Pflanze hat zufällig etwas mehr oder weniger Dünger erhalten als die andere;

die eine Pflanze wurde etwas mehr geschädigt durch Insektenfraß usw.

Neben diesen besteht noch eine Gruppe von Faktoren, die im besonderen den Boden betreffen, wie:

Kleine, undurchlässige oder besonders durchlässige Stellen;

kleine Schwankungen im Säuregrad, usw.

Es läßt sich so eine lange Liste von Faktoren aufstellen, die das Wachstum und den Ertrag einer Pflanze beeinflussen können, *ohne daß wir etwas dagegen unternehmen könnten*. Diese zufälligen Fehler liegen außerhalb unseres Einflusses. Das einzige, was wir tun können, ist 1. für jedes Versuchsbeet die Anzahl der Pflanzen so groß wählen, daß der gesamte Einfluß der zufälligen Fehler die Versuchsergebnisse nicht beeinflussen kann. Einen Hinweis auf die hierzu nötige Anzahl der Pflanzen können Blanko-Versuche geben (vgl. Kap. IV).

2. Als Versuchsfeld einen Boden wählen, der so gleichmäßig wie möglich ist. Auch hierüber können Blanko-Versuche Auskunft geben.

2. Die systematischen Einflüsse und systematischen Fehler.

Wenn wir von systematischen Fehlern sprechen, denken wir oft an tatsächliche Fehler in der Versuchsanstellung. Ein Beispiel ist die Anlage eines Versuchsfeldes, das teilweise im Schatten einer Baumreihe liegt, oder die Anlage eines Versuchsfeldes auf oder in der Nähe der Mittelfurche von gepflügtem Land. In beiden Fällen läßt sich ein Streifen des Bodens anweisen, der besser oder schlechter ist als der Rest des Versuchsfeldes. Daß Versuchspflanzen auf diesen, vom Rest des Versuchsfeldes abweichenden Stücken einen ganz anderen Ertrag geben, ist ohne weiteres deutlich. Diese systematischen Fehler lassen sich oft nachweisen. Denken wir dagegen an systematische Einflüsse, dann gehen unsere Gedanken in Richtung auf absichtlich angebrachte Unterschiede in der Behandlung. Legen wir z. B. einen Rassenversuch an, dann ist der Faktor „Rasse" ein systematischer Einfluß (kein Fehler). Bei einem Düngungsversuchsfeld wird ein Beet in einen anderen Düngezustand gebracht als das andere, und zwar geschieht dies nach einem bestimmten System. Bei der Anlage von Versuchen, auch anderen als FISHER-Versuchen, geht es darum, die *systematischen Fehler* nicht zu machen, die *systematischen Einflüsse* gerade wohl anzubringen. Weiter ist es dann die Aufgabe, die *systematischen* Einflüsse von den *zufälligen* Einflüssen zu trennen. Dies letzte ist möglich geworden mit Hilfe der Varianzanalyse.

Es ist nicht die Absicht, auf die theoretische Ableitung der Formeln näher einzugehen. Wer hierfür Interesse hat, wird auf die im Literaturverzeichnis genannten Bücher verwiesen. Zur Orientierung nur das Folgende:

Wenn wir z. B. die Ergebnisse eines Düngeversuchs übersehen, dann können wir mit Hilfe der Formel

$$\sigma = \frac{\Sigma u^2}{n-1} = \sqrt{\frac{\Sigma x^2 - \frac{(\Sigma x)^2}{n}}{n-1}}$$

eine Streuung berechnen. Diese Streuung gibt uns einen Eindruck von der Variabilität der Erträge des Versuchsfeldes. Diese Variabilität ist jedoch entstanden durch Zusammenwirken verschiedener Faktoren, von denen jeder seine eigene Variabilität besitzt. So wurde z. B. der Düngerversuch von S. 19 angelegt mit 8 verschiedenen Düngergaben und 3 Parallelen (Wiederholungen). Wir haben also zu unterscheiden: 1. den Faktor Düngung, 2. den Faktor Wiederholungen, 3. die zufälligen Fehler.

Für jeden dieser Faktoren läßt sich eine Streuung berechnen. Wir können also folgende Aufspaltung vornehmen:

$$\text{m. F. total} = \begin{cases} \text{m. F. Wiederholungen,} \\ \text{m. F. Düngung,} \\ \text{m. F. „Zufall".} \end{cases}$$

Es wird nun deutlich sein, daß für Versuchsfelder mit mehreren systematischen Faktoren (Rassen, Düngung, Aussaatzeit, Pflanzenabstand usw.) ebenso viele Aufspaltungen vorzunehmen sind. Wir gehen bei der Besprechung derartiger Versuchsfelder und der Verarbeitung der Ergebnisse näher auf diese Frage ein.

III. Der allgemeine Gang der Handlung bei der Auswertung.

Bei der statistischen Auswertung von FISHER-Versuchen können wir folgende Punkte unterscheiden:

1. Anordnung der Ergebnisse in ein orthogonales Schema, 2. Zusammenfassende Tabellen, 3. Graphische Darstellung an Hand von Punkt 2, 4. Analyse der Anzahl der Freiheitsgrade, 5. Berechnung der Quadratsummen, 6. Berechnung der Quadratsummen der Abweichungen, 7. Zusammenfassung der Berechnungen in einer sog. Endanalyse, 8. Berechnung der Minimumwerte für als gesichert bzw. gut gesichert aufzufassende Unterschiede und Korrelationen, 9. Aufstellung der Differenzen- und Interactionstabellen, 10. Kurze Zusammenfassung der wichtigsten Ergebnisse.

1. Anordnung der Ergebnisse in ein orthogonales Schema.

Die Zahlen, so wie sie in die Versuchsfeldprotokolle eingetragen werden müssen, sind in der Regel nicht sofort geeignet für die Verarbeitung. Auf dem Versuchsfeld sind die verschiedenen Behandlungen nach dem Los verteilt, für die statistische Verarbeitung der Zahlen ist dagegen eine bestimmte Ordnung erwünscht, z. B. nach steigenden Düngergaben, Gruppeneinteilung nach frühen und späten Rassen usw. Man erreicht durch eine zweckmäßige Anordnung eine bessere Übersicht über das Zahlenmaterial. Die Forderung für einen FISHER-Versuch ist, daß eine derartige Tabelle orthogonal ist, also ohne Lücken, jedes Fach muß eine Zahl enthalten.

2. Zusammenfassende Tabellen.

Wenn in einem Versuch mehrere systematische Faktoren untersucht werden, sind zusammenfassende Tabellen notwendig, um von der Wirkung der einzelnen Faktoren einen Eindruck zu erhalten.

3. Graphische Darstellung an Hand der zusammenfassenden Tabellen.

Diese graphische Darstellung ist nicht unbedingt notwendig, aber sie wird z. B. bei großen Düngungsversuchen doch sehr gute Dienste tun. Man erhält eine bessere Übersicht über das erhaltene Zahlenmaterial und kann sich bereits eine vorläufige Vorstellung über die Ergebnisse des Versuchs bilden.

4. Analyse der Anzahl der Freiheitsgrade.

Die Verarbeitung der Zahlen, die in Abschn. 1 bis 3 angegeben wurde, gibt uns also einen vorläufigen Eindruck der Ergebnisse. Inwieweit dieser Eindruck richtig ist, müssen wir durch die Berechnung feststellen. Bevor wir mit den Berechnungen selbst beginnen, ist es erwünscht, eine Analyse der Anzahl der Freiheitsgrade (F. G.) zu machen. Zuerst müssen wir dazu angeben, was der Begriff „Freiheitsgrade" bedeutet. .

Wenn wir einen Eindruck haben wollen von der Länge eines Tisches oder von dem Gewicht einer Frucht, dann genügt es, *einmal* die Länge des Tisches oder das Gewicht der Frucht zu bestimmen. So wird ein Tischler, der einen Tisch anfertigen will, die Maße einmal auszeichnen. Je nach seinem „Tischlerauge" wird der Tisch mehr oder weniger von den gegebenen Maßen abweichen. Wenn wir dagegen sehr genau arbeiten wollen und außerdem unsere Genauigkeit im Wägen oder Messen prüfen wollen, ist es notwendig, mehrere Male zu wägen oder zu messen. So werden wir eine Frucht z. B. zehnmal wägen, und bei jeder Wägung werden wir eine kleine Abweichung von der vorhergehenden feststellen. Von diesen zehn Wägungen war eine ausreichend, um einen Eindruck vom Gewicht der Frucht zu erhalten. Die neun anderen Wägungen benötigen wir für die Berechnung der Genauigkeit unserer Bestimmung. Oder mit anderen Worten: die neun anderen Wägungen waren notwendig für die Berechnung der Streuung. Oder allgemein: wenn wir n Beobachtungen machen, dann sind $n - 1$ Beobachtungen notwendig für die Berechnung der Streuung; diese $n - 1$ Beobachtungen nennen wir nun die Anzahl der Freiheitsgrade. An Stelle des Ausdrucks „Anzahl der Freiheitsgrade" finden wir auch wohl den Ausdruck „Anzahl unabhängiger Beobachtungen" angegeben, oder den weniger genauen Ausdruck „Anzahl überflüssiger Beobachtungen" (überflüssig sind die $n - 1$ Beobachtungen eben nicht!). Jedes Versuchsfeld besteht nun aus einer Gesamtzahl von Beeten n. Die Gesamtzahl der Freiheitsgrade ist also $n - 1$. Die Gesamtzahl der Beete ist nun zu verteilen in bestimmte Gruppen, z. B. kann man bei dem zuerst ausgewerteten Versuch S. 20 eine Unterteilung vornehmen in 1. drei Parallelgruppen, 2. in acht Düngegruppen. So müssen auch die Anzahl von Freiheitsgraden auf die gleichen Gruppen verteilt werden. Diese Verteilung nennen wir die Analyse der Anzahl der Freiheitsgrade. Für einfache Versuche ist es gut möglich, die Anzahl der F. G. aus dem Kopf zu bestimmen. Bei komplizierteren Versuchen (Versuche, in denen zwei oder mehr systematische Faktoren angebracht sind) bietet eine derartige Analyse viel Bequemlichkeit, besonders wenn mehr als ein Merkmal untersucht wird oder wenn Ernteergebnisse statistisch verarbeitet werden müssen.

5. Berechnung der Quadratsummen.

Dies erfolgt einfach in der Weise, daß alle Zahlen der ursprünglichen Tabelle und die der zusammenfassenden Tabellen quadriert und danach zusammengezählt werden.

6. Berechnung der Quadratsummen der Abweichungen.

Mit anderen Worten, wir müssen den Wert Σu^2 berechnen. Wir tun dies, wie gesagt (Kap. I), am einfachsten dadurch, daß wir $\Sigma x^2 - \dfrac{(\Sigma x)^2}{n}$ bestimmen. Es kommt also bei dieser Berechnung darauf hinaus, daß wir von allen Quadratsummen $\dfrac{(\Sigma x)^2}{n}$ abziehen. Wenn wir dies ohne weiteres tun, begehen wir allerdings einen Fehler. Im Beisp. auf S. 21 sehen wir folgendes: die Quadratsumme für die Parallelen ist dadurch erhalten, daß erst 3 Gruppen von 8 Zahlen zusammengezählt werden und dann die Quadrate dieser 3 Zahlen summiert werden. Die Quadratsumme der Düngungen ist erhalten worden dadurch, daß 3 Zahlen quadriert und addiert werden. Durch das Zusammenzählen von Quadraten, die aus einer unterschiedlichen Anzahl von Zahlen aufgebaut sind, werden Zahlen erhalten, die auf einem unterschiedlichen „Niveau" liegen. Wir müssen für unsere Berechnungen Zahlen erhalten, die auf gleichem Niveau stehen. Um in unserem Fall die Zahlen auf ein gleiches Niveau zu bringen, muß die Quadratsumme für die Parallelen dividiert werden durch 8, die Quadratsumme für die Düngungen durch 3. (Wir erinnern uns an die Bemerkung, die in Kap. I gemacht wurde.) Nach dieser Umformung können wir $\dfrac{(\Sigma x)^2}{n}$ subtrahieren und haben dann Σu^2 bestimmt.

7. Zusammenfassung der Berechnungen in einer sogenannten Endanalyse.

Nach den Berechnungen in Abschn. 6 werden, um eine Übersicht zu erhalten, die Ergebnisse zusammengefaßt in einer sogenannten Endanalyse. Hierin werden aufgenommen die Quadratsummen der Abweichungen mit der zugehörigen Anzahl der F.G. (vgl. die ausgearbeiteten Beisp.). Aus diesen zwei Reihen von Zahlen wird durch Division der Quadratsumme der Abweichungen durch die Anzahl F.G. das Quadrat der Streuung σ^2 erhalten, auch die Varianz (englisch variance) genannt. (Beachte wohl: σ^2 und nicht $\sigma_{\bar{x}}^2$, denn die Anzahl n ist noch nicht in Rechnung gebracht.) Durch Ziehen der Wurzel ist die Standardabweichung zu finden. Dies ist aber nicht notwendig und wird darum meist unterlassen. So haben wir also für alle systematischen und zufälligen Faktoren ein σ^2 berechnet. Dadurch, daß wir $\dfrac{\sigma^2_{systematisch}}{\sigma^2_{Zufall}}$ bestimmen, finden wir, ob der systematische Faktor eine größere Variation zustande gebracht hat als der zufällige. Finden wir $\dfrac{\sigma^2_{systematisch}}{\sigma^2_{Zufall}} > 1$, dann hat der systematische Faktor (Düngung, Rasse usw.) „gewirkt", d. h. durch das Anbringen der systematischen Unterschiede im Versuchsfeld wurden tatsächlich Differenzen erhalten, die größer sind als die zufälligen Unterschiede, die im Versuchsfeld anwesend waren, bevor die systematischen Unterschiede angebracht wurden. Wenn $\dfrac{\sigma^2_{systematisch}}{\sigma^2_{Zufall}} < 1$, dann sind die zufälligen Differenzen größer als die systematisch angebrachten. In diesem letzteren Fall sind durch die verschiedenen Düngungen, Rassen usw. also keine so großen Differenzen zustande gebracht worden, daß von einem systematischen Einfluß gesprochen werden könnte. Es kann auch so sein, daß die zufälligen, bereits vorhandenen Unterschiede so groß sind, daß demgegenüber die systematischen nicht ins Gewicht fallen.

Der Wert $\dfrac{\sigma^2{}_{systematisch}}{\sigma^2{}_{Zufall}}$ wird meist angegeben als der sogenannte F-Wert (F-berechnet).

Mit der Berechnung der F-Werte sind wir noch nicht am Ziel, diese Werte müssen mit theoretischen Grenzwerten verglichen werden. Die Theorie stellt nämlich bei verschiedenen Freiheitsgraden verschiedene Anforderungen an die zu erreichenden F-Werte. Wenn F-berechnet > 1 ist, aber nicht größer ist als ein bestimmter theoretischer F-Wert, dann darf man doch nicht auf eine gesicherte oder gut gesicherte Wirkung des systematischen Faktors schließen.

Wir gebrauchten bereits die Begriffe *„gesichert“* und *„gut gesichert“*, aber wir müssen noch mitteilen, was man hierunter zu verstehen hat. Wenn wir den Ausdruck *„der Unterschied ist gesichert“* gebrauchen, dann meinen wir hiermit, daß wir bei $100\times$ Wiederholen der Versuche unter genau den gleichen Bedingungen $95\times$ das gleiche Ergebnis finden werden und $5\times$ das umgekehrte. Mit anderen Worten, wenn wir den Begriff „der Unterschied ist gesichert“ gebrauchen, dann besteht eine Wahrscheinlichkeit von 95%, daß wir bei Wiederholung des gleichen Versuchs unter den gleichen Bedingungen das gleiche Ergebnis finden werden. Wenn wir den Ausdruck „der Unterschied ist gut gesichert“ gebrauchen, meinen wir, daß wir bei $100\times$ Wiederholung des Versuchs unter den gleichen Bedingungen $99\times$ das gleiche Ergebnis und $1\times$ das umgekehrte Ergebnis finden werden. (Wahrscheinlichkeit von 99%.) An Stelle der Ausdrücke „gesichert“ und „gut gesichert“ werden auch wohl die Ausdrücke „praktisch zuverlässig“ und „zuverlässig“ gebraucht. Außerdem wird noch manchmal der Ausdruck „beinahe gesichert“ gebraucht, womit man eine Wahrscheinlichkeit von etwa 90% meint.

Wir können jetzt F-berechnet vergleichen mit F-Grenzwert (95% und 99%). Der Bruch F-berechnet/F-Grenzwert gibt also an, ob die Wirkung eines systematischen Faktors gesichert (95% zuverlässig) oder gut gesichert (99% zuverlässig) ist. In der sogenannten F-Tabelle sind die Werte für F-Grenzwerte bei verschiedenen F. G. angegeben. Die Spalte mit den Werten F-berechnet/F-Grenzwert für 95% und 99% gibt uns auch für äußerst komplizierte Versuche sofort einen Überblick über die Bedeutung der erhaltenen Ergebnisse. Hier gilt, daß, wenn F-ber./F-Grenzwert > 1 ist, hieraus die gesicherte bzw. gut gesicherte Wirkung des untersuchten systematischen Faktors gefolgert werden darf.

8. Berechnung der Minimumwerte für gesicherte bzw. gut gesicherte Unterschiede und Korrelationen.

Der Wert F-berechnet/F-Grenzwert gibt uns also an, daß die Wirkung z. B. des Faktors „Düngung“ gesichert ist. Er gibt uns aber *keinen* Einblick in die „Wirkung“ der verschiedenen einzelnen Düngergaben. Wir könnten nun aus den Ergebnissen des Versuchsfeldes jeweils zwei Düngergaben miteinander vergleichen dadurch, daß wir mit den Ergebnissen (Erträgen) von zwei Düngergaben „Fishern". Dies ist jedoch sehr zeitraubend und wir gebrauchen besser eine Formel, die uns einen Minimumwert liefert, bei dessen Überschreiten wir einen Unterschied zwischen zwei Düngersummen oder -mittelwerten gesichert bzw. gut gesichert nennen dürfen. Die Formel für den Minimumwert für einen gesicherten bzw. gut gesicherten Unterschied zwischen zwei Summen lautet:

$$V = t_{2(n-1)} \sqrt{2\,n\,\sigma^2_{Zufall}}.$$

Für den Vergleich von Mittelwerten wird $V = t_{2(n-1)} \sqrt{\dfrac{2\,\sigma^2_{Zufall}}{n}}$. $n =$ Anzahl Einheiten, aus denen die zu vergleichenden Summen oder Mittelwerte aufgebaut sind. Im Beisp. auf S. 22 werden Dünge-Summen verglichen, jede Dünge-Summe ist zusammengestellt aus 3 Einheiten (Addition von 3 Zahlen), n ist hier also $= 3$. t ist der Sicherheitskoeffizient, der variiert mit der Anzahl Einheiten, aus denen die zu vergleichenden Summen oder Mittelwerte zusammengestellt sind. Im Beisp. S. 22 war $n = 3$. Der zugehörige Sicherheitskoeffizient ist also $t_{2 \cdot (3-1)} = t_4$. Wir suchen in der betreffenden t-Tafel den Wert von t_4 und finden für eine Wahrscheinlichkeit von 95% (P $= 0,05$) $t = 2,776$ und für eine Wahrscheinlichkeit von 99% (P $= 0,01$) $t = 4,604$.

Außer der Berechnung der gesicherten bzw. gut gesicherten Unterschiede ist es bei Versuchsfeldern, auf denen zwei oder mehrere systematische Faktoren angebracht wurden, notwendig, die gesicherten bzw. gut gesicherten „interactions" (Korrelationen) zu berechnen. Wenn wir das Wort interactions analysieren, können wir dies übersetzen mit Zwischenwirkung, Kombinationswirkung, und wir meinen tatsächlich mit interaction ein Zusammenwirken zwischen zwei oder mehr Faktoren. Diese Wirkung kann eine gegenseitig verstärkende oder eine gegensinnige sein. An Hand eines einfachen Beispiels kann dies verdeutlicht werden. Stellen wir uns ein Versuchsfeld vor mit vollkommen homogenem Boden, das in 4 Beete verteilt ist, A, B, C und D, die wie in Abb. 3 gedüngt werden.

A	B
ON, OP	1 N, OP
100	110
C	D
ON, 1 P	1 N, 1 P
105	125

Abb. 3.

Beet A hat also keine Düngung erhalten, der Ertrag wird gleich 100 gewertet. Beet B, das allein 1 Einheit (z. B. 1 kg) Stickstoff erhalten hat, gibt einen größeren Ertrag, nämlich 110, also einen Mehrertrag von 10. Beet C, das nur 1 Einheit Phosphordüngung erhalten hat, bringt es auf einen Ertrag von 105, Mehrertrag $= 5$. Beet D hat sowohl N wie P erhalten und auf Grund der Ergebnisse von N und P allein sollten wir auf Beet D einen Mehrertrag von $10 + 5 = 15$ oder einen Gesamtertrag von 115 erwarten. Wir erhalten aber 125, also 10 mehr als erwartet.

Diesen Betrag 10 haben wir erhalten durch das Zusammenwirken von N und P oder, anders gesagt, durch die Korrelation, welche zwischen N und P besteht[1]. Nicht allein zwischen Düngungen können Korrelationen auftreten, auch zwischen Rassen und Pflanzenabständen, Rassen und Düngungen, Düngungen und Pflanzenabständen und vielen anderen Faktoren. Wir sagen dann, daß z. B. verschiedene Rassen verschieden reagieren auf verschiedene Pflanzenabstände, aber wir meinen hierbei stets den Begriff der Kombinationswirkung. Bei der Besprechung der betreffenden Versuche wird hierauf näher eingegangen werden.

9. Aufstellung der Differenzen- und Korrelationstabellen.

Wenn nun der Minimumwert für einen gesicherten bzw. gut gesicherten Unterschied bekannt ist, können wir sofort bestimmen, ob z. B. die Unterschiede im Ertrag zwischen verschiedenen Düngergaben oder etwas anderem gesichert sind oder nicht. Am übersichtlichsten geschieht dies in einer sogenannten Differenzentabelle. Hierin werden die zu vergleichenden Ergebnisse am besten immer in gleicher Weise geordnet, z. B. der größte Ertrag oben. Die einzelnen Unterschiede werden eingetragen, so wie z. B. beim Fußball die Ergebnisse einer Meisterschaftsrunde eingetragen werden. Man hat dann eine deutliche Übersicht über die Ergebnisse des Versuchs erhalten. Eine Aufstellung, bei der der höchste Wert oben steht, hat noch den Vorteil, daß die größten Differenzen rechts in der Differenzentabelle stehen. Man hat dadurch sofort einen Überblick.

Statistisch unbedeutende Differenzen werden bezeichnet mit: —
Statistisch beinahe gesicherte Differenzen werden bezeichnet mit: (+)
Statistisch gesicherte Differenzen werden bezeichnet mit: +
Statistisch gut gesicherte Differenzen werden bezeichnet mit: ++

Diese letzte Tabelle verschafft dem nichtstatistisch geschulten Beobachter sofort Auskunft über die bei einem Versuch erhaltenen Ergebnisse. Es ist vielleicht nicht überflüssig, an dieser Stelle darauf hinzuweisen, daß die Ergebnisse eines Versuchs nur gültig sind für den einen bestimmten Versuch, auf diesem bestimmten Versuchsfeld, unter diesen bestimmten klimatischen Bedingungen.

10. Kurze Zusammenfassung der wichtigsten Ergebnisse.

Zum Schluß können die Ergebnisse des Versuchs in einigen Sätzen zusammengefaßt werden im Hinblick auf den später anzufertigenden Versuchsfeldbericht.

IV. Blanko-Versuche.

Blanko-Versuche sind Versuche, in denen keine systematischen Faktoren absichtlich angebracht wurden, oder populär ausgedrückt: ein Blanko-Versuch umfaßt ein bestimmtes Stück Land, auf dem keine Unterschiede in Düngung, Rassen, Pflanzabständen usw. absichtlich angebracht wurden. Dem eigentlichen Versuch soll möglichst ein Blanko-Versuch vorausgehen. Das Ziel eines Blanko-Versuchs kann einerseits das Auffinden von örtlichen Unterschieden im Boden sein, andererseits geben Blanko-Versuche Aufschluß über die Variabilität inner-

---

[1] In der englischen Literatur wird die Hälfte dieses Betrages als J. bezeichnet.

halb einer bestimmten Behandlung (Düngung, Rasse usw.). In beiden Fällen werden die mittleren Fehler berechnet, die die Grenzen der im Versuch zu erreichenden Genauigkeit und damit die kleinsten, noch statistisch gesichert feststellbaren Unterschiede in der Behandlung angeben.

1. Blanko-Versuche zur Orientierung über die Homogenität des Bodens.

Kein einziges Stück Land ist vollkommen gleichmäßig fruchtbar, so daß, wenn wir ein bestimmtes Gelände in eine Anzahl Beete von gleicher Größe (Blanko-Versuch) verteilen, jedes Beet einen anderen Ertrag liefert. Wir stellen uns nun ein Gelände vor, das wir uns als zukünftiges Versuchsfeld denken. Die Zahlen in der untenstehenden Tabelle beziehen sich auf einen Blanko-Versuch mit Tulpen, gemacht bei Lisse, mit der Varietät City of Haarlem, Pflanzweite 10 bis 11 cm. Drei ungedüngte Beete wurden unterteilt in je 8 gleich große Beete, der Ertrag der Beete wurde in Gramm notiert. Die statistische Verarbeitung mit der Varianzanalyse ergab das Folgende:

Beet	Parallele			Summe
	a	b	c	
1	2575	2455	2365	7395
2	2555	2525	2300	7380
3	2600	2445	2295	7340
4	2595	2370	2370	7335
5	2550	2430	2315	7295
6	2640	2510	1900	7050
7	2595	2290	2355	7230
8	2605	2305	2305	7215
Summe	20705	19330	18205	58240 T

$$\bar{x} = \frac{58240}{24} = 2426{,}6$$

Analyse der Freiheitsgrade.

Summe 23 $\begin{cases} \text{Zwischen Parallelen 2} \\ \text{Binnen Parallelen 21} \end{cases}$ $\begin{cases} \text{zwischen Beeten 7} \\ \text{Rest (Beet} \times \text{Parallelen) 14} \end{cases}$

Quadratsummen.

1. $T^2 = 58240^2 = 3\,391\,897\,600.$
2. Total $= 2575^2 - \cdots 2305^2 = 141\,948\,150.$
3. Parallelen $= 20705^2 - \cdots 18205^2 = 1\,133\,767\,950.$
4. Beete $= 7395^2 - \cdots 7215^2 = 424\,076\,900.$
5. *Korrektionsfaktor* $= \dfrac{T^2}{n} = \dfrac{3\,391\,897\,600}{24} = 141\,329\,067 = \dfrac{(\sum x)^2}{n}.$

Quadratsummen der Abweichungen.

6. berechnet aus: 2. u. 5. Q. d. A. des ganzen Versuchs $= 141\,948\,150 - \dfrac{T^2}{n} = 619\,083.$

7. „ „ 3. u. 5. Q. d. A. zwischen Parallelen $= \dfrac{1\,133\,767\,950}{8} - \dfrac{T^2}{n} = 391\,914.$

8. „ „ 6. u. 7. Q. d. A. binnen Parallelen $= 619\,083 - 391\,914 = 227\,169.$

9. „ „ 4. u. 5. Q. d. A. zwischen Beeten $= \dfrac{424\,076\,911}{3} - \dfrac{T^2}{n} = 29\,900.$

10. „ „ 8. u. 9. Q. d. A. Rest $= 227\,169 - 29\,900 = 197\,269.$

Endanalyse.

Variationsursache	Quadr. Ab-weichg.	F. G.	Varianz σ^2	F-ber.	F-Grenzwerte 95 %	99 %	F-ber./F-Grenzw. 95 %	99 %
Zwischen Parallelen .	391914	2	195957,0	18,12	3,47	5,78	5,22	3,13
Binnen Parallelen . .	227169	21	10817,6	—	—	—	—	—
Zwischen Beeten . .	29900	7	4271,4	0,30	2,85	4,46	0,11	0,07
Rest = Par. × Beet .	197269	14	14090,7	—	—	—	—	—

Der mittlere Fehler des gesamten Versuchs ist $= \sqrt{\dfrac{14090,7}{24}} = 26,94$ oder in Prozent des Mittelwertes: $\dfrac{26,94}{2426,6} \times 100 = 1,1\%$.

a) Beurteilung der Unterschiede zwischen Parallelen-Summen. Für die Beurteilung der Unterschiede gilt die Formel:

$$t_{2(n-1)} \sqrt{2\,n\,\sigma^2}\,.$$

$t = $ Sicherheitsfaktor,

$n = $ Anzahl Einheiten, aus denen die Summe zusammengestellt ist.

Der Minimumwert für einen zu 95% gesicherten Unterschied ist:

$$V^+ = 2,145 \cdot \sqrt{2 \times 8 \times 10817,6} = 882\,.$$

Der Minimumwert für einen zu 99% gesicherten Unterschied ist:

$$V^{++} = 2,977 \cdot \sqrt{2 \times 8 \times 10817,6} = 1238\,.$$

Aus der Tabelle ergibt sich, daß die Unterschiede gesichert sind.

Tabelle der Differenzen zwischen der Parallelen.

Parallele	a	b	c	Summe der Erträge
a		1375 ++	2500 ++	20705
b			1125 +	19330
c				18205

+   = gesicherte Differenz

++ = gut gesicherte Differenz (99 %).

b) Beurteilung der Differenzen zwischen den Summen der Beete. Der Minimumwert für eine zu 95% gesicherte Differenz ist

$$V^+ = 2,776 \quad 2 \times 3 \times 14090,7 = 808\,.$$

Der Minimumwert für eine zu 99% gesicherte Differenz ist

$$V^{++} = 4,604 \quad 2 \times 3 \times 14090,7 = 1340\,.$$

Aus der Tabelle ergibt sich, inwieweit die Differenzen gesichert sind.

Tabelle der Differenzen zwischen den Summen der Beete.

Beet	1	2	3	4	5	7	8	6	Ertrag des Beetes
1		15	55	60	100	165	180	345	7395
2			40	45	85	150	165	330	7380
3				5	45	110	125	290	7340
4					40	105 ·	120	285	7335
5						65	80	245	7295
7							15	180	7230
8								165	7215
6									7050

Alle Differenzen sind nicht gesichert.

Wir sehen also, daß zwischen den Beet-Summen keine bedeutenden Unterschiede bestehen. Der mittlere Fehler des gesamten Versuchs ist mit 1,1% eine sehr niedrige Zahl. Zwischen den Parallelen-Summen waren dagegen gesicherte Unterschiede vorhanden. Parallele a erbrachte bedeutend mehr als die Parallelen b und c. Doch ist dies nicht sehr hinderlich, da ein systematischer Fruchtbarkeitsverlauf anzugeben ist, und auch die Ursache hiervon vermutet werden kann. (Ein Unterschied im Ertragsniveau stört meist nicht, vgl. S. 26.) Parallele a lag nämlich am dichtesten bei einem an das Versuchsfeld grenzenden Graben. Es ist möglich, daß der Feuchtigkeitszustand des Bodens dort derartig war, daß die Pflanzen dort besser wuchsen. Hierdurch war das Feld als Versuchsfeld weniger gut geeignet. Erst wenn weder zwischen Parallelen-Summen noch zwischen Beet-Summen bedeutsame Unterschiede gefunden werden, kann daraus auf genügende Homogenität des Bodens geschlossen werden.

Soweit über Blanko-Versuche bei der Planung einfacher Versuchsfelder. Man wird sich aber fragen, ob es für die Planung komplizierterer Versuche nicht notwendig ist, auch im Blanko-Versuch etwaige bedeutsame Korrelationen aufzufinden. Dies ist tatsächlich sehr erwünscht. Es ist nämlich möglich, daß ein Gelände bei einfacher Betrachtung keine bestimmten Fruchtbarkeitslinien erkennen läßt, während bei näherer Betrachtung einige bedeutsame Korrelationen gefunden werden können. Wenn ein Gelände z. B. gleichmäßig gedüngt wurde, dann ist es möglich, daß als Folge von nicht zu kontrollierenden Ursachen die Düngung auf einer Stelle anders wirkt als auf der anderen. Am besten wertet man daher den Blanko-Versuch genau so aus, wie man später den eigentlichen Versuch auswerten will.

2. Blanko-Versuch zur Orientierung über den mittleren Fehler eines Gewächses.

Wenn viele Parzellen nach Abschn. 1 untersucht werden, werden wir bemerken, daß an jedes Versuchsfeld ein bestimmter mittlerer Fehler gebunden ist. Dieser mittlere Fehler bestimmt in erster Linie die Größe der auf dem betreffenden Versuchsfeld aufzufindenden Unterschiede. Es gehört aber auch zu der Pflanzensorte, die auf diesem Versuchsfeld steht, ein bestimmter mittlerer Fehler, und zwar ist es nach den vorliegenden Beobachtungen so, daß jedes Gewächs einen eigenen mittleren Fehler besitzt. Auch der mittlere Fehler des Gewächses bestimmt die Größe der zu erfassenden Unterschiede. Besitzt ein bestimmtes Gewächs z. B. einen mittleren Fehler von 4%, dann sind Unterschiede der Behandlung, die kleiner als 4% sind, nicht statistisch gesichert zu erkennen, weil Differenzen, die kleiner als 4% sind, innerhalb der „Fehlergrenzen“ fallen. Bevor wir also Versuche anfangen, müssen wir uns, neben der Orientierung über den mittleren Fehler des Versuchsfeldes, noch orientieren über den mittleren Fehler des Gewächses.

Wir sahen bereits, daß der mittlere Fehler abnimmt bei zunehmender Anzahl der Beobachtungen $\left(\sigma_{\bar{x}} = \dfrac{\cdot\ \Sigma\ u^2}{n\ (n-1)}\right)$. Wir wollen nun wissen, bei welcher Anzahl von Beobachtungen der mittlere Fehler einen bestimmten Minimumwert erreicht. Dieser Wert ist entscheidend für die kleinsten noch nachweisbaren Unterschiede. Berechnungen nach dem Beisp. Kap. I, S. 4 werden bei größeren Beobachtungszahlen (mehr als 30) sehr mühevoll. Darum wird hier eine andere Methode vorgeschlagen. Von den verschiedenen Methoden, die für die Bestimmung dieses Minimumwertes benutzt werden können, wird hier die Methode WELLENSIEK und HOOGLAND empfohlen[1]. Diese Methode ersetzt die sonst notwendigen Quadrierungen durch Additionen. Sie arbeitet folgendermaßen (vgl. Beisp. S. 18).

α) *Das Zahlenmaterial wird in verschiedene Klassen verteilt.* Dies geschieht wie folgt: im angeführten Beisp. (S. 18) wurde von 50 Pflanzen der Ertrag bestimmt, die Zahlen sind im untenstehenden Beispiel verarbeitet. Wenn wir die ganze Reihe von 50 Beobachtungen betrachten, dann zeigt sich, daß die Gewichte zwischen 1,5 und 12,5 g liegen. Dies sind also die äußersten Grenzen. Die zwischenliegenden Klassengrenzen können wir nun so wählen, wie wir wollen, wenn nur die Zwischenräume zwischen diesen Grenzen gleich groß bleiben.

β) *Wir bestimmen die Klassenmittelpunkte.* Dies sind die Mittelwerte der Klassengrenzen. Die Mittelpunkte sind hier 2 . . . 12. Den folgenden Klassenmittelpunkt (hier 13) nehmen wir als 0-Punkt an (*A*). Alle Gewichte je Pflanze, die zwischen 1,5 und 2,5 g liegen, gruppieren sich also um den Mittelpunkt: 2 g. Alle Gewichte zwischen 1,5 und 2,5 g behandeln wir so, als ob sie 2 g wären. Wir nehmen an, daß sich die positiven und negativen Abweichungen von 2 g gegenseitig aufheben.

γ) *Jetzt werden die Zahlen in die bestimmten Klassen eingeordnet,* und zwar so, daß die Anzahl der Fälle, in denen ein Gewicht zwischen 1,5 und 2,5 g, zwischen 2,5 und 3,5 g usw. liegt, notiert wird als die Frequenz *p*. Im Beispiel sehen wir u. a., daß 10 Pflanzen ein Samengewicht hatten, das zwischen 5,5 und 6,5 g liegt. Die Summe der Frequenzen muß gleich sein mit der Anzahl der Pflanzen, von denen der Ertrag bestimmt wurde (in diesem Falle 50).

δ) *Jetzt werden die Tabellen I, II und III aufgestellt* in der angegebenen Weise (achte auf die Kontrollmöglichkeit $\Sigma\ I =$ letzte Zahl von II usw.).

Für die Berechnung gelten die Formeln:

$$M = \bar{x} = A - \left(\frac{\Sigma\,p\,a}{n}\,kl\right)$$

$a =$ Abstand des Klassenmittelpunktes von *A*,
$kl =$ Klassenbreite, im Beispiel $= 1$.

---

[1] Anm. d. Übers.: Die Methode ist in der deutschen statistischen Literatur als „Summenverfahren“ bekannt.

$$\sum \frac{p\,a}{n} = b$$

$$\sigma = \sqrt{\frac{\Sigma\,p\,a^2}{n-1} - b^2}$$

Es läßt sich ein Variabilitätskoeffizient berechnen nach $\frac{\sigma}{x} \times 100 = \ldots\%$.

Wollen wir nun den mittleren Fehler in % des Mittelwertes bestimmen, dann dividieren wir diesen Koeffizienten der Variabilität durch $\sqrt{n}$.

Im zweiten Beispiel ist die Klassenbreite nicht 1, sondern 5. Wir hätten auch hier die Klassenbreite $= 1$ nehmen können, aber dann wäre die Anzahl der Klassenmittelpunkte so groß geworden, daß die Rechenarbeit zu ausgedehnt geworden wäre. Wenn nur die Anzahl der Klassen nicht *zu* klein gemacht wird, macht es am Wert σ nichts aus, wie groß die Anzahl der Klassen genommen wird. Dies kann am folgenden Beispiel gezeigt werden. Im Versuchsgarten „De Duinstreek van Holland" wurde von 200 Salatköpfen das Gewicht je Kopf bestimmt. J. G. Leeuwenburgh berechnete verschiedene Werte für $\sigma_{\bar{x}}\%$ bei verschiedener Klassenbreite. Aus der folgenden Tabelle geht hervor, daß die Größe der Klassenbreiten ohne Einfluß auf den Wert von $\sigma_{\bar{x}}\%$ ist. Zum Vergleich mit dem Summenverfahren wurde $\sigma_{\bar{x}}\%$ bestimmt nach der „Standard"-Methode.

Anzahl Beobachtungen	Mittlerer Fehler nach dem Summenverfahren Klassenbreite			Mittlerer Fehler, berechnet n. d. Formel $\sigma_{\bar{x}} = \sqrt{\dfrac{\Sigma x^2 - \dfrac{(\Sigma x)^2}{n}}{n(n-1)}}$
	10 g	50 g	100 g	
10	8,7	15,8	10,6	5,1
20	5,1	5,5	5,4	3,8
30	4,4	4,7	4,7	2,6
40	4,3	4,4	4,4	3,0
50	3,3	3,3	3,2	2,8
75	2,5	2,6	2,7	2,4
100	2,3	2,4	2,4	2,1
125	1,9	2,1	2,2	1,9
150	1,8	1,8	1,9	1,7

Bei diesem Vergleich zeigt sich, daß für kleine Anzahlen das Summenverfahren nicht genügt, erst bei Verarbeitung von 100 Beobachtungen erhält man eine genügende Übereinstimmung mit der Auswertung nach der Standardmethode. Das Summenverfahren wird dann auch mit Recht nur empfohlen, wenn es sich um die Verarbeitung einer großen Zahl von Beobachtungen handelt. Ein Vorteil dieser Methode ist weiter noch, daß ohne Rechenmaschine gearbeitet werden kann; es besteht eine dauernde Kontrolle für die Richtigkeit der Additionen, wir brauchen keine Differenzen gegenüber einem Mittelwert zu bestimmen und nicht zu quadrieren. Die theoretische Ableitung dieser Methode ist in den größeren statistischen Lehrbüchern zu finden (s. Literaturverzeichnis).

Wie sich aus der obenstehenden Tabelle ergibt, nimmt der Wert von $\sigma_{\bar{x}}\%$ ab mit der Verarbeitung einer zunehmenden Anzahl von Beobachtungen. Im allgemeinen finden wir Kurven, wie sie in Abb. 4 gezeichnet sind.

1. Beispiel (Summenverfahren).

50 Beobachtungen, Samengewicht je Pflanze, Gewächs: Erbsen.

Pflanze	Ertrag g	Klassen-grenzen g	Klassen-werte oder -mittel-punkte	$p =$ Häufig-keit	I	II	III
1	7,15	1,5	2	1	1	1	1
2	4,92	2,5	3	6	7	8	9
3	7,26	3,5	4	6	13	21	30
4	8,77	4,5	5	7	20	41	71
5	10,53	5,5	6	10	30	71	142
.	.	6,5	7	6	36	107	249
.	.	7,5	8	3	39	146	395
.	.	8,5	9	8	47	193	588
		9,5	10	0	47	240	828
		10,5	11	1	48	288	1116
		11,5	12	2	50	338	1454
		12,5					
		13,5	$13 = A$	$\Sigma = 50$	$\Sigma = 338$ $= \Sigma p\,a$	$\Sigma = 1454$	
50	6,25						

$\left.\begin{array}{l} 1116\\ 1454\end{array}\right\} + \Sigma p\,a^2$

$$M = \bar{x} = A - \left(\frac{\Sigma p\,a}{n} \times \text{Entfernung zwischen den Klassenmittelpunkten,}\right.$$
$$\left. \text{hier} = 1\right)$$

$$\frac{\Sigma p\,a}{n} = b = 6{,}76,$$

$$M = \bar{x} = 13 - \frac{338}{50} \times 1 = 13 - 6{,}76 = 6{,}24,$$

$$\sigma_{50} = \sqrt{\frac{\Sigma p\,a^2}{n-1} - b^2} = \sqrt{\frac{2570}{49} - 6{,}76^2} \times 1 = \pm 2{,}4,$$

$$\text{Variabilitätskoeffizient} = \frac{2{,}4}{6{,}24} \times 100\% = 38\% = \sigma \text{ in \% von } \bar{x},$$

$$\sigma_{\bar{x}} = \frac{38}{\sqrt{50}} = 5{,}4\%.$$

2. Beispiel (Summenverfahren).

Anzahl Samen je Pflanze bei Erbsen.

Pflanze Nr.	Anzahl Samen	Klassen-grenzen	Klassen-mittel-punkt	p	I	II	III
1	27	7,5	10	3	3	3	3
2	23	12,5	15	10	13	16	19
3	22	17,5	20	9	22	38	57
4	19	22,5	25	11	33	71	128
5	33	27,5	30	7	40	111	239
6	45	32,5	35	5	45	156	395
7	10	37,5	40	2	47	203	598
.	.	42,5	45	1	48	251	849
.	.	47,5	50	0	48	299	1148
.	.	52,5	55	2	50	349	1497
		57,5					
50			$60 = A$	$\Sigma = 50$	$\Sigma = 349$	$\Sigma = 1497$	

$\left.\begin{array}{l} 1148\\ 1497\end{array}\right\}{+} = 2645$

$$M = \bar{x} = 60 - \frac{349}{50} \times 5 = 25{,}1 \,, \qquad\qquad b = \frac{349}{50} = 6{,}98 \,,$$

$$\sigma_{50} = \sqrt{\frac{2645}{49} - 6{,}98^2} \times 5 = 11{,}465 \,,$$

$$\text{Variabilitätskoeffizient} = \frac{11{,}465}{25{,}1} \times 100 = 45{,}1\% \,,$$

$$\sigma_{\bar{x}} \text{ in } \% \text{ von } \bar{x} = \sqrt{\frac{45{,}7}{50}} = 6{,}8\% \,.$$

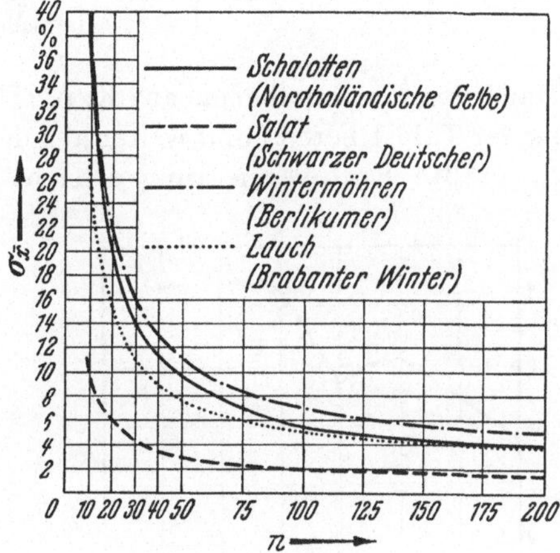

Abb. 4. Einige Ergebnisse von Blanko-Versuchen nach Zahlen des Versuchsgartens „De Duinstreek van Holland" zu Heemskerk (Nordholland).

V. Auswertung von Versuchsfeldergebnissen: Versuche mit einem systematischen Faktor.

Dies sind Versuchsfelder, auf denen z. B. nur verschiedene Düngungen oder nur verschiedene Rassen verglichen werden. Im untenstehenden Beispiel wird ein einfacher Düngungsversuch mit Tulpen behandelt. Das Zahlenmaterial stammt von K. VOLKERSZ zu Lisse. Das ganze Versuchsfeld wurde gedüngt mit ¼ kg Z. A. je R. R. (Flächenmaß), während verschiedene Mengen A. S. F. gegeben wurden. Der Versuch wurde angesetzt mit 3 Wiederholungen. Für den Ausdruck „Parallelen" (Wiederholungen) wird auch wohl der Ausdruck „Block" oder „Klasse" verwendet. Man spricht jedoch im allgemeinen nur dann von „Block", wenn es ausgedehnte Versuche betrifft. Bestimmt wurde die Erntevermehrung (Erntegewicht, vermindert um das Pflanzgewicht) in kg. Zum Vergleich dienten ungedüngte Parzellen. In Tab. 1 wurde die Erntevermehrung geordnet nach steigenden A. S. F.-Gaben.

Tabelle 1. *Düngungsversuch zur Erntevermehrung bei Tulpen in kg.*

Düngung	Parallele = Block			Summe	Mittelwert
	a	b	c		
Ungedüngt 0	2,5	2,6	3,4	8,5	2,8
¼ Z.A. allein 1	3,4	3,3	3,9	10,6	3,5
¼ Z.A. + 0,5 A.S.F. 2	4,1	4,1	4,1	12,3	4,1
¼ Z.A. + ¾ A.S.F. 3	3,6	4,2	4,3	12,1	4,0
¼ Z.A. + 1 A.S.F. 4	3,1	3,8	4,1	11,0	3,7
¼ Z.A. + 1½ A.S.F. 5	5,8	5,0	5,2	16,0	5,5
¼ Z.A. + 2 A.S.F. 6	5,6	4,7	5,9	16,2	5,4
¼ Z.A. + 3 A.S.F. 7	5,2	5,9	4,6	15,7	5,2
Summe	33,3	33,6	35,5	102,4 $= \Sigma x = T$	$4,26 = \bar{x}$

Wir wollen nun an Hand des Rechenschemas aus Kap. III die Berechnungen ausführen. Wir sehen aus der Tab. 1 bereits und weiter aus der graphischen Darstellung Abb. 5, daß die größte Erntevermehrung erreicht wurde (in diesem

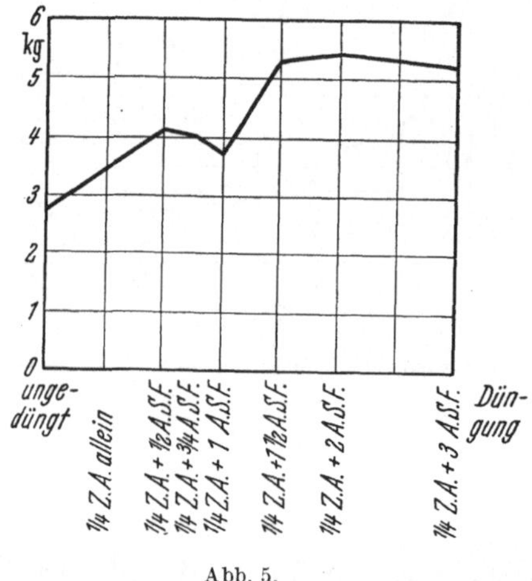

Abb. 5.

Versuch und unter diesen Bedingungen) bei einer Gabe von ¼ kg Z.A. + 2 kg A.S.F. Die Differenzen dieser Gabe gegenüber ¼ kg Z.A. + 1½ kg A.S.F. und ¼ kg Z.A. + 3 kg A.S.F. erscheinen auf den ersten Blick ziemlich gering. Die statistische Auswertung muß erweisen, ob diese Unterschiede gesichert sind oder nicht. Die Analyse der Anzahl der Freiheitsgrade ist:

$$
\text{total } 23 \left\{ \begin{array}{l} \text{zwischen Parallelen} \quad 2 \\ \quad \text{(Zwischenklassen)} \\[2ex] \text{Binnenklassen} \qquad 21 \left\{ \begin{array}{l} \text{zwischen Düngergaben} \qquad 7 \\[1ex] \text{Rest = Zufall = Düngung} \times \text{Parallelen } 14 \\ \qquad\qquad\qquad\qquad (7 \times 2) \end{array} \right. \end{array} \right.
$$

Insgesamt sind 24 Versuchsbeete vorhanden, also ist die Gesamtzahl der Freiheitsgrade 23. Es gibt 3 Parallelen (oder 3 Klassen), also 2 F.G. Der Rest ist 23 − 2 = 21, welcher Rest zur Unterscheidung von „Zwischenklassen" auch wohl

,,Binnenklassen" genannt wird. Diese 21 F. G. lassen sich wie folgt verteilen: Es wurden 8 verschiedene Düngungen angewandt, also 7 F. G., $21 - 7 = 14$ F. G. bleiben übrig. Diese F. G. gehören zum ,,Zufallrest", es lassen sich nämlich keine systematischen Faktoren mehr abtrennen. Alle Variationen, die übrigbleiben nach Abtrennung der systematischen, müssen wir als zufällige Variationen ($=$ Fehler) betrachten. Es ist sehr wohl möglich, daß in diesem Zufallsrest noch systematische Faktoren verborgen sind, aber wir haben diese nicht in den Versuch aufgenommen, sie sind unserer Kontrolle entgangen. In dem Zufallsrest könnten vielleicht noch systematische Unterschiede im Grundwasserstand vorhanden sein. Diese Unterschiede machen den Zufallsrest größer, als er eigentlich sein müßte. Es könnte dann sehr gut möglich sein, daß als Folge der Unterschiede im Grundwasserstand die Düngung auf der einen Parallele anders gewirkt hat als auf der anderen. Eigentlich muß es natürlich so sein, daß die gleiche Düngung auf der einen Parallele genau das gleiche Ergebnis (abgesehen von zufälligen Fehlern) gibt wie auf der anderen Parallele. Die Korrelation Düngung $\times$ Parallele muß also einen zufälligen Charakter tragen, und der mittlere Fehler dieses Zufallsfaktors muß klein sein. Wir wissen nun aus den Ergebnissen der Blanko-Versuche, wie groß der mittlere Fehler bei Tulpenversuchen ungefähr sein muß. Weicht der mittlere Fehler nach dem Zufall stark ab von dem m. F., der in Blanko-Versuchen gewonnen wurde, dann können wir ziemlich sicher folgern, daß systematische, aber im Versuch nicht kontrollierte Faktoren im Spiele sind.

Tabelle 1a. Quadratzahlen.

	a	b	c	S	Quadrat- summe
0	6,25	6,76	11,56	24,57	72,25
1	11,56	10,89	15,21	37,66	112,36
2	16,81	16,81	16,81	50,43	151,29
3	12,96	17,64	18,49	49,09	146,41
4	9,61	14,44	16,81	40,86	121,00
5	33,64	25,00	27,04	85,68	256,00
6	31,36	22,09	34,81	88,26	262,44
7	27,04	34,81	21,16	83,01	246,49
S	149,23	148,44	161,89	459,56	1368,24
Quadrat- summe	1108,89	1128,96	1260,25	3498,10	10485,76 $= (\Sigma x)^2 = T^2$

Danach berechnen wir die Quadratsummen. Die Analyse der Anzahl F. G. zeigt an, welche Summen der Quadrate wir berechnen müssen. Tab. 1a zeigt die Quadrate und die Summen.

Zu berechnen sind:

die Summe der Quadrate total $= \Sigma\, x^2$ total $= 459,56$,

die Summe der Quadrate für die Parallelen $= \Sigma\, x^2$ Parallelen $= 3498,10$,

die Summe der Quadrate für die Düngungen $= \Sigma\, x^2$ Düngung $= 1368,24$.

$$(\Sigma\, x)^2 = T^2 = 10\,485,76.$$

Danach werden die Quadratsummen der Abweichungen berechnet (S. q. A.)

$$\frac{(\Sigma\, x)^2}{n} = \frac{T^2}{n} = \frac{10\,485,76}{24} = 436,91 = \text{sog. Korrektionsfaktor,}$$

S. q. A. total $= 459{,}56 - 436{,}91 = 22{,}65$,

S. q. A. zwischen Parallelen $= \dfrac{3498{,}10}{8} - \dfrac{T^2}{n} = 437{,}26 - 436{,}91 = 0{,}35$,

S. q. A. binnen Parallelen $= 22{,}65 - 0{,}35 = 22{,}30$,

S. q. A. zwischen Düngung $= \dfrac{1368{,}24}{3} - \dfrac{T^2}{n} = 456{,}08 - 436{,}91 = 19{,}17$,

S. q. A. Rest $=$ Düngung $\times$ Parallelen $= 22{,}30 - 19{,}17 = 3{,}13$.

Die Quadratsummen der Abweichungen müssen stets positive Zahlen sein, weil es sich hier um die Summen von Quadraten handelt und Quadrate kein negatives Vorzeichen haben können. Das Ergebnis der vorstehenden Berechnungen wird in der sog. Endanalyse zusammengefaßt.

Endanalyse.

Variationsursache	S.q.A.	F.G.	Varianz oder σ^2	F-be-rech-net	F-Grenzwerte 95%	F-Grenzwerte 99%	F-ber./F-Grenzw. 95%	F-ber./F-Grenzw. 99%
Parallele	0,35	2	0,18	0,17	19,44	99,45	0,0	0,0
Rest Parallele	22,30	21	1,06					
Düngung	19,17	7	2,74	12,46	2,77	4,28	4,37	2,79
Rest (Düng. $\times$ Parallele)	3,13	14	0,22					

Mittlerer Fehler des gesamten Versuchs:

$$\sqrt{\frac{0{,}22}{24}} = 0{,}096 = \frac{0{,}096 \times 100}{\dfrac{102{,}4}{24}} = 2{,}2\%\,.$$

Hierauf folgt die Berechnung des Minimumwertes für gesicherte bzw. gut gesicherte Unterschiede zwischen den Düngungssummen und die Aufstellung der Differenzentabelle.

Differenzen zwischen Düngungssummen: $t_{2(n-1)}\sqrt{2\,n\,\sigma^2}$.

Minimumwerte für eine mit 95% gesicherte Differenz: $2{,}776\,\sqrt{2 \times 3 \times 0{,}22} = 3{,}2$,

Minimumwerte für eine mit 99% gesicherte Differenz: $4{,}604\,\sqrt{2 \times 3 \times 0{,}22} = 5{,}3$.

2,0 + ¼ Z.A.	1,5 + ¼ Z.A.	3,0 + ¼ Z.A.	0,5 + ¼ Z.A.	0,75 + ¼ Z.A.	1,0 + ¼ Z.A.	0,25 Z.A.	Unge-düngt	Summe	Düngung
2,0 + ¼ Z.A.	0,2 −	0,5 −	0,9 +	4,1 +	5,2 +	5,6 ++	7,7 ++	16,2	2,0 A.S.F.
	1,5 + ¼ Z.A.	0,3 −	3,7 +	3,9 +	5,0 +	5,4 ++	7,5 ++	16,0	1,50 A.S.F.
		3,0 + ¼ Z.A.	3,4 +	3,6 +	4,7 +	5,1 +	7,2 ++	15,7	3,00 A.S.F.
			0,5 + ¼ Z.A.	0,2 −	1,3 −	1,7 −	3,8 +	12,3	0,50 A.S.F.
				0,75 + ¼ Z.A.	1,1 −	1,5 −	3,6 +	12,1	0,75 A.S.F.
					1,0 + ¼ Z.A.	0,4 −	2,5 −	11,0	1,0 A.S.F.
						nur 0,25 Z.A.	2,1 −	10,6	nur ¼ Z.A.
							unge-düngt	8,5	unge-düngt

− = ungesicherte Differenz
+ = prakt. gesicherte Differenz
++ = gut gesicherte Differenz

Aus dieser Tabelle sehen wir, daß 2 kg A. S. F. die größte Erntevermehrung ergab. Die Differenzen mit 1½ kg A. S. F. + ¼ kg Z. A. und 3 kg A. S. F. + ¼ kg Z. A. sind unbedeutend. Alle möglichen Differenzen können wir weiter sofort ablesen, z. B. die Differenz zwischen 0,5 kg A. S. F. + ¼ kg A. S. F. und ¼ kg Z. A. Diese Differenz ist 1,3 und nicht gesichert.

Der mittlere Fehler des gesamten Versuchs war 2,2 %, was für einen Tulpenversuch ziemlich groß ist; meist finden sich Werte um 1 %. Es ist also wahrscheinlich, daß im Versuchsfeld einer oder mehrere systematische Faktoren anwesend waren, die nicht in die Berechnung aufgenommen werden konnten, weil sie unkontrollierbar waren.

VI. Auswertung von Versuchsfeldergebnissen: Versuche mit zwei systematischen Faktoren.

Bei diesen Versuchen werden zwei systematische Faktoren verglichen im gleichen Versuch. Man will sich dabei z. B. orientieren über den Einfluß verschiedener Düngung auf verschiedene Rassen, über den Einfluß verschiedener Düngung auf verschiedene Pflanzabstände u. a. In dem Beisp., das im Anhang durchgerechnet ist, wird ein Kartoffelrassen-Erntezeit-Versuch ausgewertet. Es betrifft hier 13 z. T. sehr frühe, z. T. mittelfrühe Rassen, die an drei Terminen geerntet wurden. Hierbei erhält man also eine Antwort auf die Frage, welche Rassen bereits bei sehr früher Ernte einen guten Ertrag liefern.

Bei späterer Ernte kann man von allen Rassen einen höheren Ertrag erwarten. Diese Zunahme ist jedoch für eine Rasse stärker als für die andere, es bestehen also Korrelationen. Das Versuchsfeld (s. Schema im Anhang) wird verteilt in 3 Parallelen. Jede der Parallelen wird verteilt in 3 Untergruppen, in jeder Untergruppe waren die Rassen nach dem Los (Zufall) verteilt. Jede Untergruppe bildet also eine Einheit. Jede Untergruppe enthält demnach die 13 Rassen, die zu einem bestimmten Termin geerntet werden. Insgesamt gibt es 9 Untergruppen (Untergruppe ist identisch mit Erntezeit).

Wir führen die Analyse der Anzahl der Freiheitsgrade immer so durch, daß wir anfangen, die größte Einheit herauszunehmen, hier also die Wiederholungen. Dann werden die Untergruppen herausgenommen. Die Anzahl der Freiheitsgrade zwischen Untergruppen ist 6 (nicht 9 — 1 = 8). Diese Anzahl finden wir wie folgt:

In jedem Block sind 3 Untergruppen vorhanden. Die Anzahl der F. G. der Untergruppen je Block ist also 2. Es sind 3 Parallelen vorhanden, also gibt es insgesamt 6 F. G. für die Gesamtzahl der Untergruppen (3 × 2). Die Anzahl der F. G. der Untergruppen ist noch weiter zu unterteilen. Jede der Parallelen enthält 3 Untergruppen (Erntezeiten), also haben wir für die Erntezeiten 2 F. G. Der Rest Erntezeit × Wiederholung besitzt 4 F. G. (2 für Erntezeiten × 2 für Wiederholungen). Dieser Rest ist als Zufallsfaktor zu betrachten gegenüber dem systematischen Faktor „Erntezeit". Für Binnen-Untergruppen erhalten wir 108 F. G., die sich zerlegen lassen in:

F. G. zwischen Rassen . . . . = 12
F. G. Rasse × Wiederholung . . . . = 12 × 2 = 24
F. G. Rasse × Erntezeit . . . . = 12 × 2 = 24
F. G. Rasse × Erntezeit × Wiederholung . . . . . . = 12 × 2 × 2 = 48

Dieser letzte Ausdruck (Rasse $\times$ Erntezeit $\times$ Wiederholung) ist als endgültiger Zufallsfaktor aufzufassen, denn in diesem Ausdruck sind keine systematischen Faktoren mehr enthalten (unter der Voraussetzung, daß das Versuchsfeld genügend homogen war), nur zufällige Faktoren können einen Zahlenwert für diesen Ausdruck geben. Die Ergebnisse der Versuchsfeldprotokolle werden nach Tab. 1 geordnet. Die Durchschnittszahlen je Rasse sind in den graphischen Darstellungen 6 und 7 wiedergegeben. Aus Tab. 1 werden die zusammenfassenden Tab. 2, 3 und 4 zusammengestellt. Unter jeder Tabelle ist vermerkt, durch welche Additionen die Zahlen erhalten wurden. Die Summenzahlen in diesen Tabellen und die graphischen Darstellungen geben uns bereits einen vorläufigen Eindruck der Ergebnisse des Versuchs. Hiernach berechnen wir die Quadratsummen und die Quadratsummen der Abweichungen. Als Anleitung für die Reihenfolge der auszuführenden Berechnungen nehmen wir die Analyse der Anzahl der Freiheitsgrade.

Wir sahen bereits bei der Besprechung des Begriffs „Kombinationswirkung", daß wir hiermit das bezeichnen, was übrigbleibt, wenn wir die Gesamtwirkung der zwei Faktoren vermindern um die Wirkung der beiden Faktoren allein. Im Beisp. auf S. 11 wurde dies berechnet, indem die Gesamtwirkung von $P + N$ vermindert wurde um die Wirkung von P und N allein. So berechnen wir auch die Quadratsumme für die Korrelation Rasse $\times$ Erntezeit: die S. q. A. Rasse und Erntezeit (also die Wirkung der Faktoren zusammen) wird vermindert um die S. q. A. der Rassen und die S. q. A. der Erntezeiten. Dasselbe gilt für die Berechnung der S. q. A. der Korrelationen Rasse $\times$ Wiederholung und Erntezeit $\times$ Wiederholung. Allgemeiner gesagt:

Für die Berechnung der S. q. A. der Kombinationswirkungen müssen wir die S. q. A. von allen störenden Faktoren in Rechnung stellen. So wird dieser Wert für Rasse $\times$ Erntezeit $\times$ Wiederholung berechnet wie folgt:

$$
\begin{aligned}
&\text{S. q. A. Rassen, Erntezeiten, Wiederholungen} &&= p\\
&\quad\text{,,}\quad\text{Rassen} &&= q_1\\
&\quad\text{,,}\quad\text{Erntezeiten} &&= q_2\\
&\quad\text{,,}\quad\text{Wiederholungen} &&= q_3\\
&\quad\text{,,}\quad\text{Rasse} \times \text{Erntezeit} &&= q_4\\
&\quad\text{,,}\quad\text{Rasse} \times \text{Wiederholung} &&= q_5\\
&\quad\text{,,}\quad\text{Erntezeit} \times \text{Wiederholung} &&= q_6\\
&\hspace{10cm}\text{Summe} &&= q.
\end{aligned}
$$

S. q. A. Rasse $\times$ Wiederholung $\times$ Erntezeit $= p - q$.

Die Korrelationen Rasse $\times$ Wiederholung, Rasse $\times$ Erntezeit, und Erntezeit $\times$ Wiederholung nennen wir Korrelationen 1. Grades. Diejenige für Rasse $\times$ Erntezeit $\times$ Wiederholung nennen wir eine Korrelation 2. Grades. Für die Berechnung der S. q. A. einer Korrelation 1. Grades müssen wir also 2 Faktoren in Rechnung stellen ($2^2 - 2$). Für die Berechnung einer Korrelation 2. Grades müssen wir 6 Faktoren in Rechnung stellen ($2^3 - 2$).

Unsere Berechnungen werden zusammengefaßt in der Endanalyse. Hierbei ist „Rasse $\times$ Wiederholung" ein Zufallsfaktor gegenüber dem systematischen Faktor „Rasse", „Erntezeit $\times$ Wiederholung" ist ein Zufallsfaktor gegenüber dem systematischen Faktor „Erntezeit" und „Rasse $\times$ Erntezeit $\times$ Wiederholung" ist ein Zufallsfaktor gegenüber dem systematischen Faktor „Rasse × Erntezeit".

Die Werte der letzten Spalte geben uns als Ergebnis, daß

1. zwischen den Erntezeitsummen gesicherte Differenzen bestehen,

2. zwischen den Rassensummen ebenfalls gesicherte Differenzen vorhanden sind,

3. gesicherte Korrelationen zwischen Rasse und Erntezeit nur sehr wenige vorhanden sind. Dies letzte Ergebnis konnten wir schon vermuten, denn in der graphischen Darstellung finden wir nur wenige Linien, die sich in einem spitzen Winkel schneiden.

Der mittlere Fehler des Versuchs, ausgedrückt in % des Mittelwertes, ist 0,8%, ein Wert, der meist bei Kartoffelversuchen gefunden wird. Hiernach wollen wir noch untersuchen, welche Summen (Rassen- und Erntezeitsummen) gesichert verschieden sind. Weiter wollen wir auch die gesicherten Korrelationen auffinden. Wir berechnen hierfür den Minimumwert für gesicherte ($V+$) bzw. gut gesicherte ($V++$) Differenzen und Korrelationen. Für die Berechnung von $V+$ und $V++$ benutzen wir dieselbe Gleichung wie im vorigen Kapitel.

Formel:

$$V = t_{2(n-1)} \sqrt{2\,n\,\sigma^2}.$$

Die Formel für $I+$ und $I++$ für die Korrelationen 1. Grades lautet:

$$I = t_{4(n-1)} \sqrt{4\,n\,\sigma^2}.$$

Die Differenztabellen zeigen, daß die Erntezeitsummen alle stark voneinander verschieden sind, bei späterer Ernte nimmt der Ertrag bedeutend zu. Auch zwischen den Rassen kommen viele gesicherte und gut gesicherte Unterschiede vor.

Trotzdem bereits aus der Endanalyse entnommen werden konnte, daß gesicherte Korrelationen nur selten vorkommen und wir daher nicht von einem systematischen Verlauf sprechen können, wollen wir doch als Beispiel die Kombinationswirkung zwischen Rassen und 1. und 2. Erntezeitpunkt berechnen. Die erste Art für das Berechnen des Wertes einer Korrelation haben wir bereits auf S. 11 kennengelernt. Hier wird nochmals ein Beispiel gegeben. Wenn wir jedoch alle Korrelationen auf diese Weise berechnen wollen, so ist dies ziemlich zeitraubend. Wir wollen lieber Gebrauch machen von der Kenntnis, daß eine Kombinationswirkung ist: Die Differenz von einer Differenz, s. Tab. 3, z. B. (134,9 − 112,7) − (120,6 − 119,4) = 22,2 − 1,2 = 21 = Korrelation (vgl. erste Methode). Wir bestimmen nun zuerst für jede Rasse die Differenz zwischen dem Ertrag des 1. und 2. Erntetermins. Diese Differenzen ordnen wir nach abnehmender Größe, bestimmen danach die Differenzen dieser Werte untereinander und erhalten die Korrelations-Tabelle. Ob das Vorzeichen + oder − ist, tut hier nichts zur Sache. Dieses Vorzeichen ist übrigens eine Frage der „Richtung". Gehen wir nämlich nach der 1. Methode vor, dann ist die Korrelation positiv, wenn wir von Rasse 1 − Erntezeit 1 nach Rasse 2 − Erntezeit 2 gehen. Gehen wir aber von Rasse 2 − Erntezeit 2 nach Rasse 1 − Erntezeit 1, dann finden wir eine Korrelation von − 21. Was die Korrelations-Berechnung hier zeigt, ist, daß die verschiedenen Rassen sich bei verschiedener Erntezeit nicht gleich verhalten, und dies ist es, was wir durch die Korrelations-Rechnung untersuchen wollten.

Zur Orientierung über die Eignung des Geländes als Versuchsfeld berechnen wir zuerst den mittleren Fehler des Versuchs. Dieser war sehr klein, nämlich 0,8%; dies ist ein Hinweis dafür, daß das Versuchsfeld keine systematischen Faktoren enthält, die der Kontrolle entgangen sind. Zur weiteren Orientierung kann man z. B. den Gesamtertrag der 13 Rassen je Untergruppe bestimmen und in das Versuchsschema eintragen, wie dies hier unten geschehen ist. Die Zahlen sind die gleichen wie in Tab. 4, hier aber in „natürlicher Lage".

Nord

1	2	3
555,3	619,4	739,5
3	1	2
699,6	515,3	593,3
2	3	1
579,5	710,0	496,7

1 bis 3 = Erntezeit.
An Hand dieser Anordnung könnte man die Bemerkung machen, daß ein Fruchtbarkeitsgefälle zu bemerken ist von NW — SO, aber die Ergebnisse sind hierdurch nicht beeinflußt.

Zum Schluß wollen wir noch folgendes bemerken: Wir haben die Differenzen zwischen Rassensummen bestimmt aus Tab. 3 S. 32.

Diese Summenzahlen sind dadurch erhalten, daß zuerst die Wiederholungszahlen und danach noch die Erntezeitsummen addiert wurden. Die Schlußfolgerung auf Rassen mit dem größten Ertrag ist auf Grund dieser Summenzahlen nur dann zu verantworten, wenn keine oder sehr wenige gesicherte Korrelationen gefunden wurden. Wenn, so wie in diesem Beispiel, ausgesprochen frühe Rassen verglichen werden mit Rassen, die erst bei späterer Ernte einen angemessenen Ertrag liefern, dann besteht die Gefahr, daß z. B. beim 2. Erntetermin eine sehr frühe Rasse bereits den größtmöglichen Ertrag gibt, während eine späte Rasse erst am Anfang ihrer Produktion steht. Die Summenzahlen und die Rangordnung der Rassen können dann ein vollkommen falsches Bild geben von der Ertragsfähigkeit der verschiedenen Rassen. Nur wenn die „Erntezeitlinien" parallel verlaufen, geben die Summenzahlen der Rassen ein richtiges Bild der gegenseitigen Unterschiede der Ertragsfähigkeit. Im hier besprochenen Beispiel waren nur wenige gesicherte Korrelationen vorhanden, wir machten also keinen ernsten Fehler dadurch, daß wir die Summenzahlen der Rassen zur Basis für die Beurteilung der Unterschiede nahmen. Wären dagegen wohl gesicherte oder gut gesicherte Korrelationen vorhanden, dann hätten wir die Tab. 1 S. 32 aufspalten müssen in 3 Teile, nämlich eine Tabelle für die Rassen beim 1. Erntetermin, eine gleiche für den 2. und eine für den 3. Erntetermin. Diese Tabellen müssen dann gesondert analysiert werden. Erst muß dazu allerdings für das gesamte Zahlenmaterial die Varianzanalyse durchgeführt werden, um festzustellen, ob gesicherte oder gut gesicherte Korrelationen anwesend sind. Oft geht es gerade darum, diese kennenzulernen, und darum muß das Zahlenmaterial als Ganzes verarbeitet werden. Bei der Beurteilung der Ergebnisse muß aber mit den obengenannten Gesichtspunkten gerechnet werden, wenn es sich gezeigt hat, daß bedeutsame Korrelationen vorhanden sind.

Anhang zu Kap. VI.

Beispiel für die statistische Auswertung von Versuchen mit zwei systematischen Faktoren.

<table>
<tr><td rowspan="2">Block a</td><td>r_1
r_3
r_9
usw.
13 Rassen
Erntedatum 1</td><td>r_6
r_9
usw.
13 Rassen
Erntedatum 2</td><td>13 Rassen
Erntedatum 3</td></tr>
<tr><td colspan="3">$r_1 - r_{13} = 13$ Kartoffel-
rassen
3 Erntedaten
3 Wiederholungen
Gesamtzahl der Beete
$= 13 \times 3 \times 3 = 117$</td></tr>
</table>

Block a	13 Rassen Erntedatum 1	13 Rassen Erntedatum 2	13 Rassen Erntedatum 3
Block b	13 Rassen Erntedatum 3	13 Rassen Erntedatum 1	13 Rassen Erntedatum 2
Block c	13 Rassen Erntedatum 2	13 Rassen Erntedatum 3	13 Rassen Erntedatum 1

Analyse der Anzahl der Freiheitsgrade.

Total 116
- Zwischenklassen 2
- Binnenklassen 114
  - zwischen Unterklassen 6 = Erntezeit und Wiederholung
  - binnen Unterklassen 108

- Erntezeiten 2
- Erntezeit × Wiederholung 4
- Rassen 12
- Rasse × Wiederholung 24
- Rasse × Erntezeit 24
- Rasse × Erntezeit × Wiederholung 48

Berechnung der Quadratsummen (S. Q.) aus Tab. 1 bis 4, S. 32.

$$T^2 = 5508{,}6^2 = 30\,344\,673{,}96$$

S. Q. total $= 33{,}5^2 + \cdots + 48{,}9^2 = 267\,039{,}14$

„ Wiederholungen (Klassen) $= 1914{,}2^2 + \cdots + 1786{,}2^2 = 10\,124\,259{,}32$

„ Unterklassen $=$ Erntedaten und Wiederholungen $= 555{,}3^2 + \cdots 710{,}0^2 = 3\,432\,484{,}98$

„ Erntedaten $= 1567{,}3^2 + \cdots + 2149{,}1^2 = 10\,287\,040{,}94$

„ Rassen $= 391{,}7^2 + \cdots + 395{,}7^2 = 2\,346\,252{,}58$

„ Rassen und Wiederholungen $= 130{,}9^2 + \cdots + 123{,}7^2 = 784\,219{,}04$

„ Rassen und Erntedaten $= 119{,}4^2 + \cdots + 151{,}2^2 = 796\,610{,}20$

„ Rassen, Erntedaten und Wiederholungen $=$ total $= 33{,}5^2 + \cdots 48{,}9^2 = 267\,039{,}14$

Berechnung der Summe der quadratischen Abweichungen (S. q. A.)

$$\text{Korrektionsfaktor} = \frac{T^2}{n} = \frac{30\,344\,673{,}96}{117} = 259\,356{,}19$$

S. q. A. total $= 267\,039{,}14 - \dfrac{T^2}{n} = 7682{,}95$

„ Zwischenklassen $= \dfrac{10\,124\,259{,}32}{39} - \dfrac{T^2}{n} = 240{,}20$

„ Binnenklassen $= 7682{,}95 - 240{,}20 = 7442{,}75$

„ zwischen Unterklassen $=$ Erntedaten und Wiederholungen

$$= \frac{3\,432\,484{,}98}{13} - \frac{T^2}{n} = 4681{,}12$$

S. q. A. Erntedaten $= \dfrac{10\,287\,040,94}{39} - \dfrac{T^2}{n} = 4414,31$

„   Erntedaten $\times$ Wiederholungen $= 4681,12 - (4414,31 + 240,2) = 26,61$

„   Rassen $= \dfrac{2\,346\,252,58}{9} - \dfrac{T^2}{n} = 1338,54$

„   Rasse und Wiederholung $= \dfrac{784\,219,04}{3} - \dfrac{T^2}{n} = 2050,16$

„   Rasse $\times$ Wiederholung $= 2050,16 - (1338,54 + 240,20) = 471,42$

„   Rasse und Erntedatum $= \dfrac{796\,610,20}{3} - \dfrac{T^2}{n} = 6180,54$

„   Rasse $\times$ Erntedatum $= 6180,54 - (4414,31 + 1338,54) = 427,69$

„   Rasse $\times$ Erntedatum $\times$ Wiederholung $= 7682,95 - (1338,54 + 4414,31 +$
            $+ 240,20 + 427,69 + 471,42 + 26,61) = 764,18$.

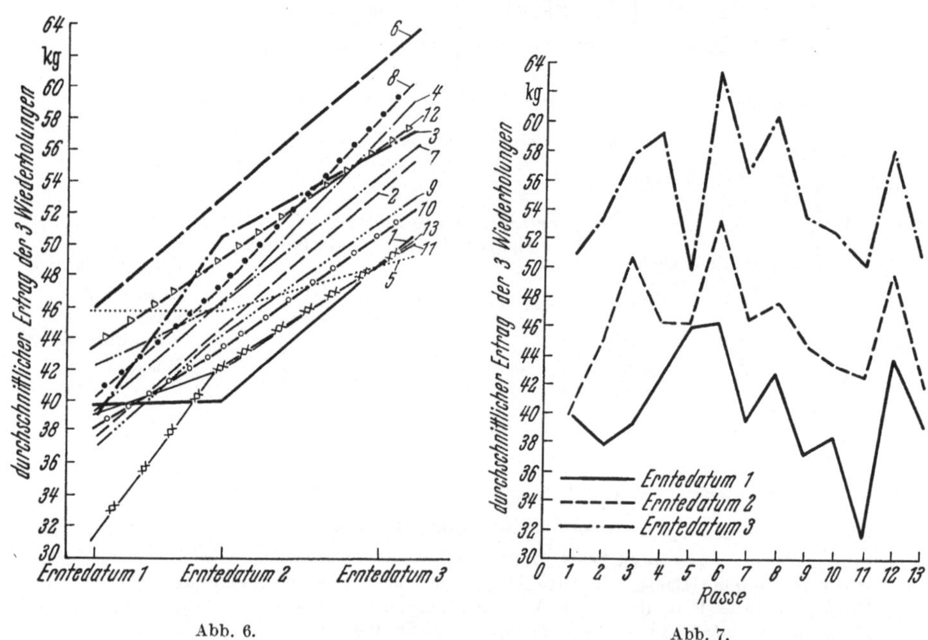

Abb. 6.   Abb. 7.

Endanalyse.

Variationsursache	S. q. A.	Fr. Gr.	Varianz σ^2	F-ber.	F-Grenz-werte		F-ber./F-Grenzwert	
					95 %	99 %	95 %	99 %
Erntedaten	4414,31	2	2207,16	331,90	6,94	18,00	47,82	18,44
Erntedaten $\times$ Wiederholungen . .	26,61	4	6,65					
Rassen	1338,54	12	111,55	5,68	2,18	3,03	2,61	1,87
Rasse $\times$ Wiederholung	471,42	24	19,64					
Rasse $\times$ Erntedatum .	427,69	24	17,82	1,12	1,74	2,18	0,64	0,51
Rasse $\times$ Erntedatum $\times$ Wiederholung . . (Endrest)	764,18	48	15,92					

$$\text{Mittlerer Fehler des Versuchs in \% des Mittelwertes} = \frac{\sqrt{\dfrac{15,92}{117}} \times 100}{\dfrac{5508,6}{117}} = 0,8\,\%\,.$$

Berechnung der Minimumwerte für „gesicherte" und „gut gesicherte" Differenzen und Korrelationen.

1. Rassensummen. $V^+ \;= t_{2(n-1)} \sqrt{2\,n\,\sigma^2} = t_{16} \sqrt{2 \times 9 \times 19,64} = \;2,120$
$$\times\, 16,5 = 35,0$$
$$V^{++} = \qquad\qquad\qquad 2,921 \times 16,5 = 48,2$$

2. Erntedatum-Summen.

$$V^+ \;= t_{76} \sqrt{2 \times 39 \times 6,65} = 1,96 \times 22,8 = 44,7$$
$$V^{++} = \qquad\qquad\qquad = 2,57 \times 22,8 = 58,6$$

3. Korrelation zwischen Rasse $\times$ Erntedatum.

$$I^+ \;= t_{4(n-1)} \sqrt{4\,n\,\sigma^2} = t_8 \sqrt{4 \times 3 \times 15,92} = 2,306 \times 13,8 = 31,8$$
$$I^{++} = \qquad\qquad\qquad\qquad = 3,355 \times 13,8 = 46,3$$

Differenzentabelle für Erntedaten-Summen.

Erntedatum 1 1567,3	Erntedatum 2 1792,2	Erntedatum 3 2149,1	Erntedatum
224,9++	—		2
581,8++	356,9++	—	3

Berechnung der Kombinationswirkung: Rassen $\times$ 1. und 2. Erntedatum.

Erste Art der Berechnung.

Von Rasse 1, Erntedatum 1 nach Erntedatum 2 finden wir eine Differenz von $+\,1,2$.

Von Rasse 1, Erntedatum 1 nach Rasse 2, Erntedatum 1 finden wir eine Differenz von $-\,6,7$.

Von Rasse 1, Erntedatum 1 nach Rasse 2, Erntedatum 2 sollten wir ein Zusammenwirken erwarten von $+\,1,2 - 6,7 = -\,5,5$.

In Wirklichkeit finden wir $134,9 - 119,4 = +\,15,5$.

Der Unterschied zwischen Erwartung und Befund ist $+\,21,0$ (weil wir einen negativen Wert erwarten und einen positiven finden).

Zweite Art der Berechnung (vgl. Tab. 3, S. 32).

Rasse	Erntedatum		Differenz
	1	2	
1	119,4	120,6	$+\ 1,2$
2	112,7	134,9	$+22,2$
3	116,9	152,0	$+36,1$
4	127,0	138,9	$+11,9$
5	137,3	138,2	$+\ 0,9$
6	138,7	160,1	$+21,4$
7	118,1	139,2	$+21,1$
8	128,2	142,4	$+14,2$
9	111,6	133,7	$+22,1$
10	114,9	130,2	$+25,3$
11	94,2	127,2	$+33,0$
12	130,6	148,0	$+17,4$
13	117,7	126,8	$+\ 9,1$

Differenzentabelle

Früh-mölle	Bintje	Magn.	R.E.M.	R.E.Br.	Geelbl.	R.E.B.	Eerst.	Ned.
Früh.	37,3 +	38,6 +	46,1 +	48,1 +	62,9 + +	+ +	+ +	+ +
	Bint.	0,3 −	8,8 −	10,8 −	25,6 −	27,7 −	38,4 +	47,2 +
		Magn.	8,5 −	10,5 −	25,3 −	27,4 −	38,1 +	46,9 +
			R.E.M.	2,0 −	16,8 −	18,9 −	29,6 −	38,4 +
				R.E.Br.	14,8 −	16,9 −	27,6 −	36,4 +
					Geel.	2,1 −	12,8 −	21,6 −
						R.E.B.	10,7 −	—
							Eerst.	8,8 −
								Ned.

Korrelationstabelle

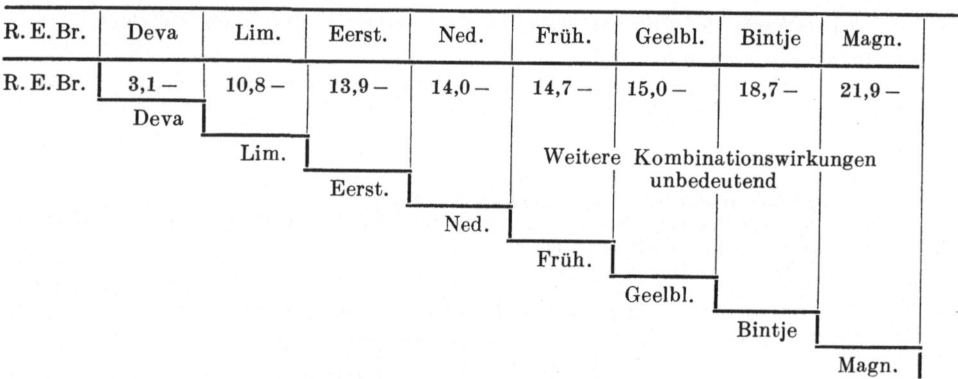

R.E.Br.	Deva	Lim.	Eerst.	Ned.	Früh.	Geelbl.	Bintje	Magn.
R.E.Br.	3,1 −	10,8 −	13,9 −	14,0 −	14,7 −	15,0 −	18,7 −	21,9 −
	Deva							
		Lim.						
			Eerst.					
				Ned.				
					Früh.			
						Geelbl.		
							Bintje	
								Magn.

Weitere Kombinationswirkungen unbedeutend

für Rassensummen.

Lim.	Duiv.	Eig.	Deva	Summe der 3 Wdhlg.	Rasse	Nr.
+ +	+ +	+ +	+ +	489,4	Frühmölle.	6
50,0 + +	+ +	+ +	+ +	452,1	Bintje	12
49,7 + +	+ +	+ +	+ +	451,8	Magneto	8
41,2 +	47,6 +	51,6 + +	+ +	443,3	Roode Eersteling Matthijs . .	4
39,2 +	45,6 +	49,6 + +	+ +	441,3	R. Eerst. Brandsma	3
24,4 −	30,8 −	34,8 −	54,8 + +	426,5	Geelblom	7
−	−	−	52,7 + +	424,4	R. E. Bierma	5
−	−	−	42,0 +	413,7	Eersteling	2
−	−	−	−	404,9	Nederlander	9
Lim.	−	−	−	402,1	Limosa	10
	Duiv.	−	−	395,7	Duivelander	13
		Eig.	−	391,7	Eigenheimer	1
			Deva	·371,7	Deva	11

Rassen × 1. und 2. Erntedatum

R. E. M.	Duiv.	Eig.	R. E. Bi.	Differenz	Rasse	Nr.
24,2 −	27,0 −	34,9 +	35,2 +	+ 36,1	Roode Eersteling Brandsma	3
		31,8 +	32,1 +	+ 33,0	Deva	11
				+ 25,3	Limosa	10
				+ 22,2	Eersteling	2
				+ 22,1	Nederlander	9
				+ 21,4	Frühmölle	6
				+ 21,1	Geelblom	7
				+ 17,4	Bintje	12
				+ 14,2	Magneto	8
R. E. M.				+ 11,9	R. E. Matthijs	4
	Duiv.			+ 9,1	Duivelander	13
		Eig.		+ 1,2	Eigenheimer	1
			R. E. Bi.	+ 0,9	R. E. Bierma	5

Tabelle 1.

Ertrag von 64 Pflanzen.

Ernte-datum	Rasse	Wiederholung a	b	c	Summe
1	1	33,5	41,8	44,1	119,4
	2	36,0	37,5	39,2	112,7
	3	38,6	41,8	36,5	116,9
	4	49,2	36,6	41,2	127,0
	5	51,6	44,6	41,1	137,3
	6	52,3	48,6	37,8	138,7
	7	34,4	44,6	39,1	118,1
	8	50,4	39,2	38,6	128,2
	9	41,0	37,6	33,0	111,6
	10	39,0	36,3	39,6	114,9
	11	32,0	31,2	31,0	94,2
	12	45,2	43,4	42,0	130,6
	13	52,1	32,1	33,5	117,7
2	1	45,0	39,6	36,0	120,6
	2	43,7	47,4	43,8	134,9
	3	52,6	48,1	51,3	152,0
	4	47,7	44,9	46,3	138,9
	5	47,7	47,8	42,7	138,2
	6	55,2	50,4	54,5	160,1
	7	46,4	46,6	46,2	139,2
	8	51,9	49,0	41,5	142,4
	9	47,9	39,3	46,5	133,7
	10	41,2	44,9	44,1	130,2
	11	47,3	41,3	38,6	127,2
	12	50,0	51,3	46,7	148,0
	13	42,8	42,7	41,3	126,8
3	1	52,4	49,4	49,9	151,7
	2	56,8	51,0	58,3	166,1
	3	66,0	56,1	50,3	172,4
	4	63,1	57,5	56,8	177,4
	5	48,3	50,8	49,8	148,9
	6	62,1	65,1	63,4	190,6
	7	51,8	58,6	58,8	169,2
	8	66,5	58,1	56,6	181,2
	9	55,7	56,9	47,0	159,6
	10	52,7	49,6	54,7	157,0
	11	53,1	42,2	55,0	150,3
	12	56,9	56,1	60,5	173,5
	13	54,1	48,2	48,9	151,2
Summe		1914,2	1808,2	1786,2	5508,6

Tabelle 2.

Rasse	Wiederholung a	b	c	Summe
1	130,9	130,8	130,0	391,7
2	136,5	135,9	141,3	413,7
3	157,2	146,0	138,1	441,3
4	160,0	139,0	144,3	443,3
5	147,6	143,2	133,6	424,4
6	169,6	164,1	155,7	489,4
7	132,6	149,8	144,1	426,5
8	168,8	146,3	136,7	451,8
9	144,6	133,8	126,5	404,9
10	132,9	130,8	138,4	402,1
11	132,4	114,7	124,6	371,7
12	152,1	150,8	149,2	452,1
13	149,0	123,0	123,7	395,7
Summe	1914,2	1808,2	1786,2	5508,6

Anmerkung. $130,9 = 33,5 + 45,0 + 52,4.$

Tabelle 3.

Rasse	Erntezeit 1	2	3	Summe
1	119,4	120,6	151,7	391,7
2	112,7	134,9	166,1	413,7
3	116,9	152,0	172,4	441,3
4	127,0	138,9	177,4	443,3
5	137,3	138,2	148,9	424,4
6	138,7	160,1	190,6	489,4
7	118,1	139,2	169,2	426,5
8	128,2	142,4	181,2	451,8
9	111,6	133,7	159,6	404,9
10	114,9	130,2	157,0	402,1
11	94,2	127,2	150,3	371,7
12	130,6	148,0	173,5	452,1
13	117,7	126,8	151,2	385,7
Summe	1567,3	1792,2	2149,1	5508,6

Anmerkung. Die Zahlen dieser Tabelle sind die Zeilensummen der Tab. 1.

Tabelle 4.

Ernte-datum	Wiederholung a	b	c	Summe
1	555,3	515,3	496,7	1567,3
2	619,4	593,3	579,5	1792,2
3	739,5	699,6	710,0	2149,1
Summe	1914,2	1808,2	1786,2	5508,6

Anmerkung. $555,3 = 33,5 + 36,0 + \cdots + 52,1.$

VII. Auswertung von Versuchsfeldergebnissen:
Versuche mit drei systematischen Faktoren.

Das Zahlenmaterial, das als Beispiel für die Auswertung von Versuchen mit drei systematischen Faktoren gewählt ist, stammt von S. J. WELLENSIEK. Es handelt sich um einen Versuch mit Roggen, 2 Rassen (Petkuser und Brands Marien), verglichen mit 4 Mengen Stickstoffdünger und 4 Mengen Saatgut je m^2. Der Versuch wurde mit 3 Wiederholungen angesetzt (vgl. Anhang zu diesem Kap.). Man betrachte zuerst das Schema des Versuchsfeldes. Die Wiederholungen sind getrennt durch Wege von 1 m Breite. Die N-Düngungen wurden als Untergruppen gewählt, jede Untergruppe hat eine andere N-Düngung erhalten. Es gibt also 4 Untergruppen je Block, demnach 3 F. G. je Block. Dies gilt für jede Wiederholung. Zwischen den Untergruppen gibt es also $3 \times 3 = 9$ F. G. Jede Untergruppe enthält 4 Unter-Untergruppen, nämlich die Saatgutmengen je m^2. Dies gilt für die 4 Untergruppen je Block, also $3 \times 4 = 12$ F. G. je Untergruppe. Es gibt 3 Wiederholungen. Im ganzen gibt es also zwischen den Unter-Untergruppen $3 \times 4 \times 3 = 36$ F. G. Jede Unter-Untergruppe ist verteilt in 2 Beete, auf jedem Beet ist eine Rasse ausgesät. Die Reihenfolge der Berechnungen folgt logisch aus der Analyse der Anzahl der Freiheitsgrade. Die Ertragszahlen sind in Tab. 1 des Anhangs wiedergegeben. Dem Schema der Analyse der Anzahl der F. G. folgend machen wir folgende Zusammenfassungen:

1. Eine Tabelle, in der einander *Düngung* und *Wiederholung* gegenübergestellt werden (Tab. 2). Jede der 12 Zahlen gibt uns einen Eindruck von der Wirkung der Stickstoffdüngung.

2. Eine Tabelle, in der die Faktoren *Saatgutmenge + Düngung* den *Wiederholungen* gegenübergestellt werden (Tab. 3). Jede der 48 Zahlen gibt den Gesamtertrag der Unter-Untergruppen wieder.

3. Eine Tabelle, in der *Saatgutmenge* und *Wiederholung* einander gegenübergestellt werden (Tab. 4). Die Summenzahlen geben einen Eindruck von dem Ertrag bei verschiedener Saatgutmenge.

4. Eine Tabelle, in der die *Saatgutmenge* der *Düngung* gegenübergestellt wird. Diese Tabelle kann aus den Summenzahlen der Tab. 3 angefertigt werden. Für die Berechnung der Quadratsumme Saatgutmenge + Düngung benötigen wir diese Tabelle nicht (Tab. 5), wir können nämlich die Summenzahlen von Tab. 3 quadrieren. Für die Berechnung der Korrelationen ist sie jedoch von Nutzen.

5. Eine Tabelle, worin *Rasse* und *Wiederholung* einander gegenübergestellt werden (Tab. 6). Die beiden Summenzahlen geben einen Eindruck von den Unterschieden im Ertrag der beiden Rassen.

6. Eine Tabelle, in der *Rasse* und *Saatgutmenge* einander gegenübergestellt werden (Tab. 7). Für die Berechnung der Quadratsumme Rasse + Saatgutmenge können die Summenzahlen der Tab. 7 benutzt werden. Für die Berechnung der Korrelationen Rasse $\times$ Saatgut wird aus Tab. 7 die Tab. 8 gemacht.

7. Eine Tabelle, worin *Rasse und Düngung* den *Wiederholungen* gegenübergestellt sind (Tab. 9). Wieder gilt, daß für die Berechnung der Quadratsumme „Rasse und Düngung" die Summenzahlen der Tab. 9 gebraucht werden können.

Für die Berechnung der Korrelationen Rasse × Düngung ist es empfehlenswert, aus diesen Summenzahlen die Tab. 10 zusammenzustellen.

Die Quadratsumme von „Rasse, Saatgutmenge und Wiederholung" kann berechnet werden durch quadrieren der Summenzahlen aus Tab. 1. Die Mittelwerte der Summenzahlen aus Tab. 1 sind in Abb. 8 wiedergegeben. Die Zahlen aus Tab. 2, 3, 7 und 9 können ebenfalls graphisch dargestellt werden. Danach werden die Quadratsummen berechnet. Hierauf werden die Quadratsummen der Abweichungen bestimmt (S. q. A.), bei deren Berechnung wir wieder bedenken müssen, aus wie vielen Einzelwerten die quadrierten Zahlen aufgebaut sind. Die wichtigsten Ergebnisse werden zusammengefaßt in der Endanalyse. Aus den Zahlen der letzten Spalte der Endanalyse geht hervor, daß der Einfluß der Stickstoffdüngung gut gesichert ist, während die übrigen Faktoren keinen bedeutsamen Einfluß auf den Samenertrag hatten und daß nicht von Korrelationen mit einem deutlichen systematischen Charakter gesprochen werden kann. Gut gesichert ist die Korrelation „Rasse × Saatgutmenge × Düngung". Der mittlere Fehler des gesamten Versuchs ist sehr klein, nämlich 0,5%. Es fällt aber auf, daß alle Korrelationen mit den Wiederholungen einen 3 bis 4 mal größeren Zahlenwert der Varianz haben als die Varianz des Restes. Um ein Beispiel zu geben: Die Varianz für die Korrelation Saatgutmenge × Wiederholung ist ungefähr $4\frac{1}{2}$ mal größer als die Varianz des Endrestes. Dies bedeutet, daß der Faktor „Saatgutmenge" in dem einen Block ein gesichert anderes Ergebnis hatte als im anderen. Aus den Zahlen der Tab. 4 ist dies auch zu entnehmen. Daß also für den Faktor „Saatgutmenge" keine gesicherten bzw. gut gesicherten Differenzen gefunden wurden, muß der Tatsache zugeschrieben werden, daß die Saatgutmenge in dem einen Block anders reagierte als in den beiden anderen. Obgleich man also auf Grund des kleinen Wertes für den mittleren Fehler des gesamten Versuchs folgern kann, daß alle systematischen Faktoren berücksichtigt sind und daß der Versuch daher „fehlerlos" ist, muß mit der oben genannten Feststellung gerechnet werden, wenn die Schlußfolgerungen gezogen werden. Man darf also nicht folgern, daß die Saatgutmenge je m^2 ohne Einfluß auf den Ertrag sein wird, sondern muß bedenken, daß etwaige bedeutsame Unterschiede im Ertrag als Folge verschiedener Saatgutmengen durch die Wirkung anderer Faktoren überdeckt wurden, die wir nicht näher kennen.

Zur näheren Orientierung können ebenso wie im vorigen Kapitel die Zahlen so angeordnet werden wie im Versuchsschema. Auf diese Weise kann man sich ein besseres Urteil bilden über die Eignung des Geländes als Versuchsfeld. Die Aufstellung der Zahlen nach ihrer „natürlichen Lage" und das Ziehen der Schlußfolgerungen wird dem Leser überlassen.

Aus den Differenztabellen ergibt sich, daß alle N-Düngungen gegenüber O-Stickstoff einen gut gesicherten Mehrertrag geliefert haben. Die Differenzen zwischen den einzelnen Düngergaben sind nicht gesichert. Die Korrelationen werden hier nicht weiter untersucht, da allem Anschein nach kein bestimmter „Verlauf" zu bemerken ist. Wir wollen zum Schluß noch folgendes bemerken:

Bei Schlußfolgerungen auf Grund der statistischen Auswertung des Zahlenmaterials achte man nacheinander auf folgende Punkte:

1. Sind im Versuch Korrelationen vorhanden mit einem deutlichen systematischen Charakter, dann darf man die Schlußfolgerungen nie aus den Summen-

zahlen der zusammenfassenden Tabellen ziehen. Für eine richtige Beurteilung muß das Zahlenmaterial derart in Gruppen eingeteilt werden, daß innerhalb der Gruppen keine Kombinationswirkungen mehr vorkommen.

2. Der mittlere Fehler des Versuchs, berechnet aus den Korrelationen des höchsten Grades, ist bei Versuchen mit mehr als einem systematischen Faktor kein genügend zuverlässiger Maßstab mehr dafür, ob der Versuch unerwünschte systematische Fehler enthielt. Man vergleiche stets die Korrelationen des niederen Grades mit denen des höchsten Grades. Ein kritischer Vergleich kann viel beitragen zur Verbesserung des Versuchsschemas.

Anhang zu Kap. VII.

Beispiel für die statistische Auswertung von Versuchen mit 3 systematischen Faktoren.

Versuchsschema

Jede Zelle enthält: oberer Buchstabe, Zahl, unterer Buchstabe.

0 N	M 10 P	M 18 P	M 14 P	P 6 M	M 10 P	M 6 P	P 14 M	P 18 M	150 N	Block c: 3 Wiederholungen (Block); 4 N-Düngungen = Klasse 0—50—100—150 N/ha; Stickstoffdüngung = Unterklasse (dick umrandet)
100 N	P 6 M	M 14 P	M 10 P	P 18 M	M 10 P	P 14 M	P 18 M	P 6 M	50 N	
0 N	P 10 M	M 14 P	P 6 M	P 18 M	M 18 P	M 14 P	M 6 P	M 10 P	100 N	Block b: 4 Mengen Saatgut/m² 6—10—14—18 g; Saatgutmenge = Unter-Unterklasse
50 N	M 14 P	P 10 M	M 6 P	M 18 P	P 18 M	M 14 P	M 6 P	M 10 P	150 N	
50 N	P 10 M	M 14 P	P 6 M	P 18 M	P 18 M	M 14 P	M 10 P	P 6 M	0 N	Block a: 2 Rassen; P = Petkuser; M = Brandt's Mariën
100 N	P 6 M	P 14 M	M 10 P	M 18 P	P 14 M	M 10 P	M 6 P	M 18 P	150 N	

Unter-Unterklasse
Unterklasse

Analyse zur Anzahl der Freiheitsgrade.

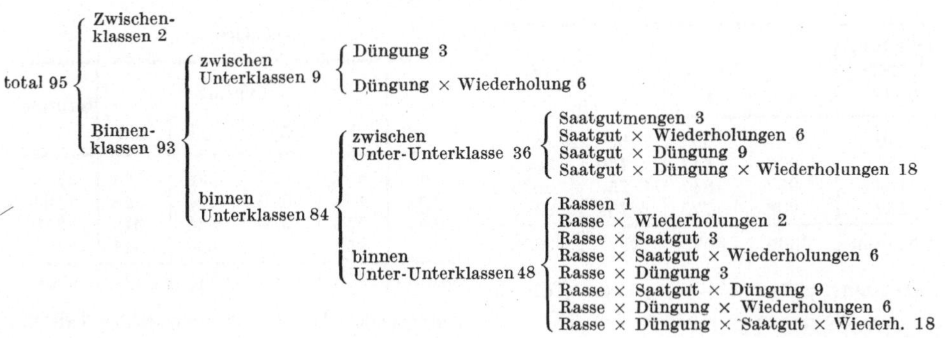

```
                   ⎧ Zwischen-
                   ⎪ klassen 2
                   ⎪              ⎧ zwischen        ⎧ Düngung 3
                   ⎪              ⎨ Unterklassen 9  ⎨
   total 95        ⎨              ⎩                 ⎩ Düngung × Wiederholung 6
                   ⎪
                   ⎪ Binnen-                        ⎧ Saatgutmengen 3
                   ⎪ klassen 93   ⎧ zwischen        ⎪ Saatgut × Wiederholungen 6
                   ⎩              ⎨ Unter-Unterklasse 36 ⎨ Saatgut × Düngung 9
                                  ⎪                 ⎩ Saatgut × Düngung × Wiederholungen 18
                                  ⎪
                                  ⎪ binnen          ⎧ Rassen 1
                                  ⎨ Unterklassen 84 ⎪ Rasse × Wiederholungen 2
                                  ⎪                 ⎪ Rasse × Saatgut 3
                                  ⎪ binnen          ⎨ Rasse × Saatgut × Wiederholungen 6
                                  ⎩ Unter-Unterklassen 48 ⎪ Rasse × Düngung 3
                                                    ⎪ Rasse × Saatgut × Düngung 9
                                                    ⎪ Rasse × Düngung × Wiederholungen 6
                                                    ⎩ Rasse × Düngung × Saatgut × Wiederh. 18
```

Tabelle 1. *Ertrag je Beet in 10 g.*

Düngung	Saatgutmenge	Rasse	Block a	b	c	Summe
0 N	6	P	94	76	69	239
		M	101	83	74	258
	10	P	85	56	89	230
		M	77	84	81	242
	14	P	67	75	81	223
		M	67	92	76	235
	18	P	96	62	87	218
		M	77	77	79	233
50 N	6	P	112	93	95	300
		M	119	101	94	314
	10	P	113	103	91	307
		M	115	114	90	319
	14	P	107	111	95	313
		M	123	119	95	337
	18	P	112	104	102	318
		M	112	102	98	312
100 N	6	P	123	103	99	325
		M	118	94	93	305
	10	P	117	120	102	339
		M	121	125	95	341
	14	P	105	101	94	300
		M	120	106	104	330
	18	P	128	102	87	317
		M	105	96	85	286
150 N	6	P	112	85	75	272
		M	105	89	78	272
	10	P	125	103	103	331
		M	102	102	90	294
	14	P	103	98	106	307
		M	109	94	105	308
	18	P	121	100	87	308
		M	125	102	108	335
Summe			3389	3072	2907	9368

Tabelle 3.

Düngung	Saatgutmenge	Block a	b	c	Summe
0 N	6	195	159	143	497
	10	162	140	170	472
	14	134	167	157	458
	18	146	139	166	451
50 N	6	231	194	189	614
	10	228	217	181	626
	14	230	230	190	650
	18	224	206	200	630
100 N	6	241	197	192	630
	10	238	245	197	680
	14	225	207	198	630
	18	233	198	172	603
150 N	6	217	174	153	544
	10	227	205	193	625
	14	212	192	211	615
	18	246	202	195	643
Summe		3389	3072	2907	9368

Anmerkung. $195 = 94 + 101$ (Tab. 1).

Tabelle 4.

Saatgutmenge	Block a	b	c	Summe
6	884	724	677	2285
10	855	807	741	2403
14	801	796	756	2353
18	849	745	733	2327
Summe	3389	3072	2907	9368

Anmerkung. $884 = 195 + 231 + 241 + 217$ (Tab. 3).

Tabelle 2.

Düngung Unterklasse	Block a	b	c	Summe
0	637	605	636	1878
50	913	847	760	2520
100	937	847	759	2543
150	902	773	752	2427
Summe	3389	3072	2907	9368

Anmerkung. $637 = 94 + \cdots + 77$ (aus Tab. 1)
$= 195 + \cdots + 146$ (aus Tab. 3).

Tabelle 5.

Saatgutmenge	Düngung 0	50	100	150	Summe
6	497	614	630	544	2285
10	472	626	680	625	2403
14	458	650	630	615	2353
18	451	630	603	643	2327
Summe	1878	2520	2543	2427	9368

Anmerkung. Aus den Summenzahlen Tab. 3.

Tabelle 6.

Rasse	Block			Summe
	a	b	c	
P	1693	1492	1462	4647
M	1696	1580	1445	4721
Summe	3389	3072	2907	9368

Anmerkung. 1693 = 441 + 440 + 382 + 430
(Tab. 7).

Tabelle 8.

Saatgut-menge	Rasse		Summe
	P	M	
6	1136	1149	2285
10	1207	1196	2403
14	1143	1210	2353
18	1161	1166	2327
Summe	4647	4721	9368

Anmerkung. Aus den Summenzahlen der
Tab. 7.

Tabelle 7.

Saatgut-menge	Rasse	Block			Summe
		a	b	c	
6	P	441	357	338	1136
	M	443	367	339	1149
10	P	440	382	385	1207
	M	415	425	356	1196
14	P	382	385	376	1143
	M	419	411	380	1210
18	P	430	368	363	1161
	M	419	377	370	1166
Summe		3389	3072	2907	9368

Anmerkung. 441 = 94 + 112 + 123 + 112
(Tab. 1).

Tabelle 9.

Dün-gung	Rasse	Block			Summe
		a	b	c	
0 N	P	315	269	326	910
	M	322	336	310	968
50 N	P	444	411	383	1238
	M	469	436	377	1282
100 N	P	473	426	382	1281
	M	464	421	377	1262
150 N	P	461	386	371	1218
	M	441	387	381	1209
Summe		3389	3072	2907	9368

Anmerkung. 315 = 94 + 85 + 67 + 69
(Tab. 1).

Tabelle 10.

Düngung	Rasse		Summe
	P	M	
0 N	910	968	1878
50 N	1238	1282	2520
100 N	1281	1262	2543
150 N	1218	1209	2427
Summe	4647	4721	9368

Anmerkung. Aus den Summenzahlen der
Tab. 9.

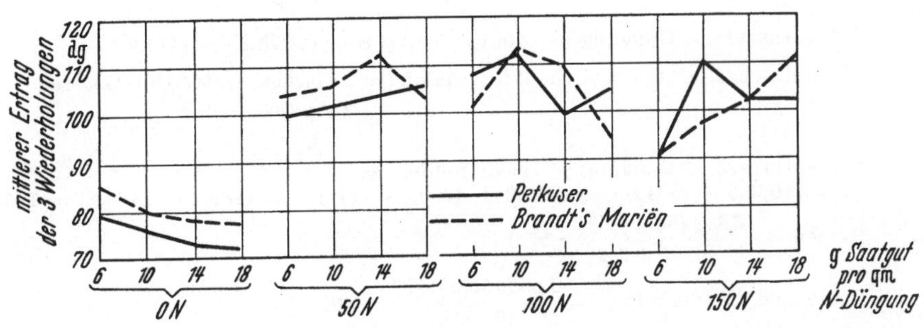

Abb. 8.

Berechnung der Quadratsummen (S. q.)	Zahlen zu finden in Tabelle
$T^2 = 9368^2 = 87\,759\,424$	1
Total $= 94^2 + \cdots + 108^2 = 938\,604$	1
Wiederholungen $= 3389^2 + 3072^2 + 2907^2 = 29\,373\,154$	1
Düngung und Wiederholung $=$ Unterklassen $= 637^2 + \cdots + 752^2 =$	
$= 7\,452\,964$	2
Düngung $= 1878^2 + \cdots + 2427^2 = 22\,234\,462$	2 od. 5
Saatgutmenge $= 2285^2 + \cdots 2327^2 = 21\,947\,172$	4 od. 5
Saatgut und Wiederholung $= 884^2 + \cdots 733^2 = 7\,355\,184$	4
Saatgut und Düngung $= 497^2 + \cdots 643^2 = 5\,569\,274$	3 od. 5
Saatgut, Düngung und Wiederholungen $=$ Unter-Unterklassen	
$= 195^2 + \cdots + 195^2 = 1\,872\,488$	3
Rassen $= 4647^2 + 4721^2 = 43\,882\,450$	6, 8 od. 10
Rassen und Wiederholungen $= 1693^2 + \cdots + 1445^2 = 14\,690\,598$	6
Rassen und Saatgut $= 1136^2 + \cdots + 1166^2 = 10\,975\,988$	7 od. 8
Rasse, Saatgut und Wiederholung $= 441^2 + \cdots + 370^2 = 3\,680\,458$ . . .	7
Rasse und Düngung $= 910^2 + \cdots 1209^2 = 11\,120\,102$	9 od. 10
Rasse und Düngung und Wiederholung $= 315^2 + \cdots 381^2 = 3\,729\,838$ . .	9
Rasse, Saatgut und Düngung $= 239^2 + \cdots 335^2 = 2\,787\,732$	1
Rasse, Saatgut, Düngung und Wiederholung $=$ total $= 94^2 + \cdots 108^2 =$	
$= 938\,604$	1

Berechnung der Summen der quadratischen Abweichungen (S. q. A.)

$$\frac{T^2}{n} = \frac{87\,759\,424}{96} = 914\,160{,}7$$

S. q. A. total $= 938\,604 - 914\,160{,}7 = 24\,443{,}3$

,, Zwischenklassen $= \dfrac{29\,373\,154}{32} - \dfrac{T^2}{n} = 3750{,}4$

,, Binnenklassen $= 24\,443{,}3 - 3750{,}4 = 20\,692{,}9$

,, Düngung $= \dfrac{22\,234\,462}{24} - \dfrac{T^2}{n} = 12\,275{,}2$

,, Düngung und Wiederholung $=$ Zwischen-Unterklassen $= \dfrac{7\,452\,964}{8} - \dfrac{T^2}{n} = 17\,459{,}8$

,, Düngung $\times$ Wiederholung $= 17\,459{,}8 - (12\,275{,}2 + 3750{,}4) = 1434{,}2$

,, Saatgutmenge $= \dfrac{21\,947\,172}{24} - \dfrac{T^2}{n} \doteq 304{,}8$

,, Saatgutmenge und Wiederholung $= \dfrac{7\,355\,184}{8} - \dfrac{T^2}{n} = 5237{,}3$

,, Saatgutmenge $\times$ Wiederholung $= 5237{,}3 - (304{,}8 + 3750{,}4) = 1182{,}1$

,, Saatgutmenge und Düngung $= \dfrac{5\,569\,274}{6} - \dfrac{T^2}{n} = 14\,051{,}6$

,, Saatgutmenge $\times$ Düngung $= 14\,051{,}6 - (304{,}8 + 12\,275{,}2) = 1471{,}6$

,, Saatgutmenge, Düngung und Wiederholung $=$ zwischen Unter-Unterklassen

$$= \frac{1\,872\,488}{2} - \frac{T^2}{n} = 22\,083{,}3$$

,, Saatgutmenge $\times$ Düngung $\times$ Wiederholung $=$
$= 22\,083{,}3 - (304{,}8 + 12\,275{,}2 + 3750{,}4 + 1471{,}6 + 1182{,}1 + 1434{,}2) = 1655{,}0$

,, Rassen $= \dfrac{43\,882\,450}{48} - \dfrac{T^2}{n} = 57{,}0$

,, Rasse und Wiederholung $= \dfrac{14\,690\,598}{16} - \dfrac{T^2}{n} = 4001{,}7$

,, Rasse $\times$ Wiederholung $= 4001{,}7 - (57{,}0 + 3750{,}4) = 194{,}3$

S. q. A.   Rasse und Saatgutmenge $= \dfrac{10\,975\,988}{12} - \dfrac{T^2}{n} = 505{,}0$

,,   Rasse $\times$ Saatgutmenge $= 505{,}0 - (57{,}0 + 304{,}8) = 143{,}2$

,,   Rasse, Saatgutmenge und Wiederholung $= \dfrac{3\,680\,458}{4} - \dfrac{T^2}{n} = 5953{,}8$

,,   Rasse $\times$ Saatgutmenge $\times$ Wiederholung =
$$= 5953{,}8 - (57{,}0 + 304{,}8 + 3750{,}4 + 143{,}2 + 194{,}3 + 1182{,}1) = 322{,}0$$

,,   Rasse und Düngung $= \dfrac{11\,120\,102}{12} - \dfrac{T^2}{n} = 12\,514{,}5$

,,   Rasse $\times$ Düngung $= 12\,514{,}5 - (57{,}0 + 12\,275{,}2) = 182{,}3$

,,   Rasse, Düngung und Wiederholung $= \dfrac{3\,729\,838}{4} - \dfrac{T^2}{n} = 18\,298{,}8$

,,   Rasse $\times$ Düngung $\times$ Wiederholung $= 18\,298{,}8 - (57{,}0 + 12\,275{,}2 + 3750{,}4 +$
$$+ 182{,}3 + 194{,}3 + 1434{,}2) = 405{,}4$$

,,   Rasse, Saatgutmenge und Düngung $= \dfrac{2\,787\,732}{3} - \dfrac{T^2}{n} = 15\,083{,}3$

,,   Rasse $\times$ Saatgutmenge $\times$ Düngung $= 15\,083{,}3 - (57{,}0 + 304{,}8 + 12\,275{,}2 +$
$$+ 143{,}2 + 182{,}3 + 1471{,}6) = 649{,}2$$

,,   Rasse, Saatgutmenge, Düngung und Wiederholung $=$ total $= 24\,443{,}3$

,,   Rasse $\times$ Saatgutmenge $\times$ Düngung $\times$ Wiederholung $=$ Endrest $=$
$$= 24\,443{,}3 - (57{,}0 + 304{,}8 + 12\,275{,}2 + 3750{,}4 + 143{,}2 + 182{,}3 + 194{,}3 +$$
$$+ 1471{,}6 + 1182{,}1 + 1434{,}2 + 649{,}2 + 405{,}4 + 322{,}0 + 1655{,}0) = 406{,}6$$

Endanalyse.

Variationsursache	S. q. A.	Freiheitsgrade	Varianz σ^2	F-ber.	F-Grenzwert 95%	F-Grenzwert 99%	F-ber./F-Grenzwert 95%	F-ber./F-Grenzwert 99%
Zwischenklassen	3750,4	2	1875,20	8,43	3,09	4,82	2,73	1,75
Binnenklassen	20 692,9	93	222,50					
Düngung	12 275,2	3	4091,73	17,12	4,76	9,78	3,60	1,75
Düngung $\times$ Wiederholung . .	1434,2	6	239,03					
Saatgutmenge	304,8	3	101,60	0,52	8,94	27,91	0,06	0,02
Saatgutmenge $\times$ Wiederholung	1182,1	6	197,02					
Rasse	57,0	1	57,00	0,59	200,0	4999,0	0,00	0,00
Rasse $\times$ Wiederholung	194,3	2	97,15					
Saatgutmenge $\times$ Düngung . .	1471,6	9	163,51	1,77	2,51	3,71	0,71	0,48
Saatgutmenge $\times$ Düngung $\times$ $\times$ Wiederholung	1665,0	18	92,50					
Rasse $\times$ Saatgutmenge . . .	143,2	3	47,73	0,89	8,94	27,91	0,10	0,03
Rasse $\times$ Saatgutmenge $\times$ $\times$ Wiederholung	322,0	6	53,67					
Rasse $\times$ Düngung	182,3	3	60,77	0,90	8,94	27,91	0,10	0,03
Rasse $\times$ Düngung $\times$ $\times$ Wiederholung	405,4	6	67,57					
Rasse $\times$ Saatgutmenge $\times$ $\times$ Düngung	649,2	9	72,13	3,19	2,51	3,71	1,27	0,86
Rasse $\times$ Saatgutmenge $\times$ $\times$ Düngung $\times$ Wiederholung $=$ Endrest	406,6	18	22,59					

Mittlerer Fehler des Versuchs in % des Mittelwertes $= \dfrac{\dfrac{\sqrt{\dfrac{22{,}59}{96}} \times 100}{9368}}{96} = 0{,}5\%$.

Berechnung der Minimumwerte für gesicherte bzw. gut gesicherte Differenzen und interactions.

1. Düngungssummen:

$$V^+ = t_{(2n-1)} \sqrt{2\,n\,\sigma^2} = t_{46} \sqrt{2 \times 24 \times 239{,}03} = 2{,}042 \times 107{,}1 = 218{,}7$$
$$V^{++} = \phantom{t_{46} \sqrt{2 \times 24 \times 239{,}03}} = 2{,}750 \times 107{,}1 = 294{,}5$$

2. Saatgutmengensummen:

$$V^+ = t_{46} \sqrt{2 \times 24 \times 197{,}02} = 2{,}042 \times 97{,}2 = 198{,}5$$
$$V^{++} = \phantom{t_{46} \sqrt{2 \times 24 \times 197{,}02}} = 2{,}750 \times 97{,}2 = 267{,}3$$

3. Rassensummen:

$$V^+ = t_{94} \sqrt{2 \times 48 \times 97{,}15} = 1{,}96 \times 96{,}6 = 189{,}3$$
$$V^{++} = \phantom{t_{94} \sqrt{2 \times 48 \times 97{,}15}} = 2{,}576 \times 96{,}6 = 248{,}8$$

4. Saatgutmenge × Düngung:

$$I^+ = t_{4(n-1)} \sqrt{4\,n\,\sigma^2} = t_{20} \sqrt{4 \times 6 \times 92{,}50} = 2{,}086 \times 47{,}1 = 98{,}3$$
$$I^{++} = \phantom{t_{20} \sqrt{4 \times 6 \times 92{,}50}} = 2{,}845 \times 47{,}1 = 134{,}0$$

5. Rasse × Saatgutmenge:

$$I^+ = t_{44} \sqrt{4 \times 12 \times 53{,}67} = 2{,}042 \times 50{,}75 = 103{,}6$$
$$I^{++} = \phantom{t_{44} \sqrt{4 \times 12 \times 53{,}67}} = 2{,}750 \times 50{,}75 = 139{,}6$$

6. Rasse × Düngung:

$$I^+ = t_{44} \sqrt{4 \times 12 \times 67{,}57} = 2{,}042 \times 56{,}9 = 116{,}2$$
$$I^{++} = \phantom{t_{44} \sqrt{4 \times 12 \times 67{,}57}} = 2{,}750 \times 56{,}9 = 156{,}5$$

Differenzentabelle: Düngung

100 N	50 N	150 N	0 N	Summe	Düngung
100 N	23−	116−	665++	2543	100 N
	50 N	93−	642++	2520	50 N
		150 N	549++	2427	150 N
			0 N	1818	0 N

Differenzentabelle: Saatgutmenge

10	14	18	0	Summe	Saatgutmenge
10	50−	76−	118−	2403	10
	14	26−	68−	2358	14
		18	42−	2327	18
			6	2285	6

VIII. Die Auswertung von N-, P-, K-Stufen-Versuchsfeldern.

N-, P-, K-Stufen-Versuchsfelder können uns Auskunft darüber geben, in welchem Verhältnis die Düngestoffe Stickstoff (N), Phosphor (P) und Kalium (K) verabreicht werden müssen. Es ist natürlich nie ohne weiteres möglich, ein bestimmtes Verhältnis von N, P und K für jedes Gewächs festzustellen, dafür spielen zu viele Faktoren in dieser Frage eine Rolle (Bodentyp, Klima, Jahr). Man kann aber doch nach Verlauf einiger Jahre wohl ungefähr angeben, zwischen welchen Grenzen das optimale Verhältnis der einzelnen Düngestoffe liegen muß. Das nachstehend behandelte Beispiel betrifft einen N-P-K-Düngeversuch mit Gladiolen. Das Zahlenmaterial (der Ertrag an Knollen je Beet) wurde von K. Volkersz in Lisse zur Verfügung gestellt (Anhang zu diesem Kap.). (Das Versuchsschema für N-, P-, K-Versuche wird in einem besonderen Kapitel besprochen).

Es waren 3 N-, 3 P- und 3 K-Stufen vorhanden, der Versuch wurde zweimal angestellt, im ganzen waren also 3 × 3 × 3 × 2 Versuchsbeete vorhanden. Aus dem Versuchsfeld-Protokoll wurden die Zahlen in einer logischen Reihenfolge geordnet in Tab. 1. Die Mittelwerte sind in Abb. 9 dargestellt. Es kann noch darauf hingewiesen werden, daß die Zahlen auch auf andere Arten gruppiert werden können, z. B. kann man sie derart gruppieren, daß nacheinander eine 0 P-, 1 P- und 2 P-Gruppe, jede bestehend aus 9 Zahlen, gebildet wird usw. Aus Tab 1 wurden verschiedene Auszüge angefertigt. Es wird auffallen, daß diese Auszüge nicht genau nach dem Schema für die Analyse der Anzahl der F. G. gemacht sind. Die hier gegebene Reihenfolge der anzufertigenden Tabellen ist so gewählt. um so wenig wie möglich Fehler beim Addieren zu machen. So sehen wir in Tab. 2. daß die Zahl 6,04 entstanden ist aus der Addition von drei aufeinanderfolgenden Zahlen der Tab. 1 (6,04 = 1,86 + 2,14 + 2,04). Tab. 3 und 4 sind auf ähnliche Weise gebildet. Aus Tab. 2 ist nun sehr einfach Tab. 5 zu machen, indem immer drei aufeinanderfolgende Zahlen addiert werden. Aus den Totalziffern der Tab. 2 ist die Summe der quadratischen Abweichungen N und P zu berechnen. Hierfür war es also nicht nötig, die Summenziffern aus Tab. 2 noch einmal nach Tab. 8 zu ordnen. Wenn man jedoch die Kombinationswirkung N × P näher analysieren will, dann ist die Anordnung der Zahlen in Tab. 8 bequemer als die Anordnung der Summenzahlen von Tab. 2. Dasselbe gilt im Hinblick auf Tab. 9 und Tab. 10.

Die Zahlen aus den zusammenfassenden Tabellen können benutzt werden, um Abb. 10 zu zeichnen. In dieser Darstellung sehen wir den bedeutenden Einfluß von N und den viel weniger großen von P und K. Wir sehen auch, daß die Linien einander schneiden, es sind also bedeutende Korrelationen zu erwarten.

Wir besprachen bereits in Kap. VI, daß man die Summenzahlen eigentlich nur dann vergleichen kann, wenn im Versuch keine Korrelationen anwesend sind. Daran müssen wir auch hier denken. Wir finden nämlich bei den Berechnungen, daß z. B. eine sehr bedeutende Abhängigkeit besteht zwischen N und P, d. h. daß bei verschiedenen P-Gaben sich eine wechselnde N-Gabe verschieden verhält (s. Abb. 10). Wir dürfen also auch hier den Summenzahlen von N, P und K nicht zu viel Wert beilegen. Eigentlich müßten wir das Zahlenmaterial derart in Gruppen unterteilen, daß innerhalb dieser Gruppen keine Korrelationen mehr auftreten. Nur in solchen Berechnungen können wir die Differenzen zwischen N, P und K auf ihren richtigen Wert hin beurteilen. Aus der Korrelations-Berechnung ist ersichtlich, daß N und P zusammen beachtlich mehr „leisten" als beide für sich. Die Zusammenarbeit von N und K ist weniger deutlich. Es zeigt sich, daß eine hohe K-Gabe sich schlecht verträgt mit einer hohen N-Gabe (Korrelation — 3,80), zuviel K würde also in diesem Fall den Ertrag herabsetzen. P und K beeinflussen einander manchmal im entgegengesetzten Sinn.

Anhang zu Kap. VIII.

Beispiel für die statistische Auswertung von N-P-K-Versuchen.

2 Wiederholungen   3 Phosphatstufen 0 — 1 — 2
3 Stickstoffstufen 0 — 1 — 2   3 Kalistufen 0 — 1 — 2

Analyse der Anzahl der Freiheitsgrade.

```
          ⎧ Zwischenklassen 1
          ⎪            ⎧ N                2   N × P                4
total 53  ⎨            ⎪ N × Wiederh. 2       N × P × Wiederh. 4
          ⎪ Binnen-   ⎨ P                2 + N × K                4 + N × P × K               8
          ⎪ klassen 52⎪ P × Wiederh. 2       N × K × Wiederh. 4    N × P × K × Wiederh. 8
          ⎩            ⎪ K                2   P × K                4
                       ⎩ K × Wiederh. 2      P × K × Wiederh. 4
```

Tabelle 1.

N	P	K	Wiederholung a	Wiederholung b	Summe	Mittel
0	0	0	1,86	2,51	4,37	2,19
0	0	1	2,14	2,16	4,30	2,15
0	0	2	2,04	2,17	4,21	2,01
0	1	0	2,02	1,93	3,95	1,98
0	1	1	2,00	2,29	4,29	2,15
0	1	2	2,23	1,62	3,85	1,93
0	2	0	3,11	2,11	5,22	2,61
0	2	1	1,77	1,87	3,64	1,82
0	2	2	2,54	1,87	4,41	2,21
1	0	0	2,19	3,45	5,64	2,82
1	0	1	3,37	3,29	6,66	3,33
1	0	2	4,02	3,01	7,03	3,52
1	1	0	4,13	3,85	7,98	3,99
1	1	1	3,37	3,18	6,55	3,28
1	1	2	4,12	3,80	7,92	3,96
1	2	0	3,95	3,40	7,35	3,68
1	2	1	2,98	3,21	6,19	3,10
1	2	2	4,00	3,45	7,45	3,73
2	0	0	4,12	3,68	7,80	3,90
2	0	1	4,10	4,07	8,17	4,09
2	0	2	3,80	4,78	8,58	4,29
2	1	0	4,67	4,30	8,97	4,49
2	1	1	4,38	4,71	9,09	4,55
2	1	2	4,47	4,01	8,48	4,24
2	2	0	4,24	4,63	8,87	4,44
2	2	1	5,96	4,81	10,77	5,39
2	2	2	5,55	4,62	10,17	5,09
Summe			93,13	88,78	181,91	

Tabelle 2.

N	P	Wiederholung a	Wiederholung b	Summe
0	0	6,04	6,84	12,88
0	1	6,25	5,84	12,09
0	2	7,42	5,85	13,27
1	0	9,58	9,75	19,33
1	1	11,62	10,83	22,45
1	2	10,93	10,06	20,99
2	0	12,02	12,53	24,55
2	1	13,52	13,02	26,54
2	2	15,75	14,06	29,81
Summe		93,13	88,78	181,91

Anmerkung. 6,04 = 1,86 + 2,14 + 2,04.

Tabelle 3.

N	K	Wiederholung a	Wiederholung b	Summe
0	0	6,99	6,55	13,54
0	1	5,91	6,32	12,23
0	2	6,81	5,66	12,47
1	0	10,27	10,70	20,97
1	1	9,72	9,68	19,40
1	2	12,14	10,26	22,40
2	0	13,03	12,61	25,64
2	1	14,44	13,59	28,03
2	2	13,82	13,41	27,23
Summe		93,13	88,78	181,91

Anmerkung. 6,99 = 1,86 + 2,02 + 3,11.

Tabelle 4.

P	K	Wiederholung a	Wiederholung b	Summe
0	0	8,17	9,64	17,81
0	1	9,61	9,52	19,13
0	2	9,86	9,96	19,82
1	0	10,82	10,08	20,90
1	1	9,75	10,18	19,93
1	2	10,82	9,43	20,25
2	0	11,30	10,14	21,44
2	1	10,71	9,89	20,60
2	2	12,09	9,94	22,03
Summe		93,13	88,78	181,91

Anmerkung. 8,17 = 1,86 + 2,19 + 4,12.

Tabelle 5.

N	Wiederholung a	Wiederholung b	Summe
0	19,71	18,53	38,24
1	32,13	30,64	62,77
2	41,29	39,61	80,90
Summe	93,13	88,78	181,91

Anmerkung. 19,71 = 6,99 + 5,91 + 6,81 (Tab. 3).

Tabelle 6.

P	Wiederholung a	Wiederholung b	Summe
0	27,64	29,12	56,76
1	31,39	29,69	61,08
2	34,10	29,97	64,07
Summe	93,13	88,78	181,91

Anmerkung. 27,64 = 8,17 + 9,61 + 9,86 (Tab. 4).

Tabelle 7.

K	Wiederholung		Summe
	a	b	
0	30,29	29,86	60,15
1	30,07	29,56	59,66
2	32,77	29,33	62,10
Summe	93,13	88,75	181,91

Anmerkung. $30,29 = 8,17 + 10,82 + 11,3$ (Tab. 4).

Tabelle 9.

K	N			Summe
	0	1	2	
0	13,54	20,97	25,64	60,15
1	12,23	19,40	28,03	59,66
2	12,47	22,40	27,23	62,10
Summe	38,24	62,77	80,90	181,91

Anmerkung. Aus den Summenzahlen der Tab. 3.

Tabelle 8.

P	N			Summe
	0	1	2	
0	12,88	19,33	24,55	56,76
1	12,09	22,45	26,54	61,08
2	13,27	20,99	29,81	64,07
Summe	38,24	62,77	80,90	181,91

Anmerkung. Aus den Summenzahlen der Tab. 2.

Tabelle 10.

P	K			Summe
	0	1	2	
0	17,81	19,13	19,82	56,76
1	20,90	19,93	20,25	61,08
2	21,44	20,60	22,03	64,07
Summe	60,15	59,66	62,10	181,91

Anmerkung. Aus den Summenzahlen der Tab. 4.

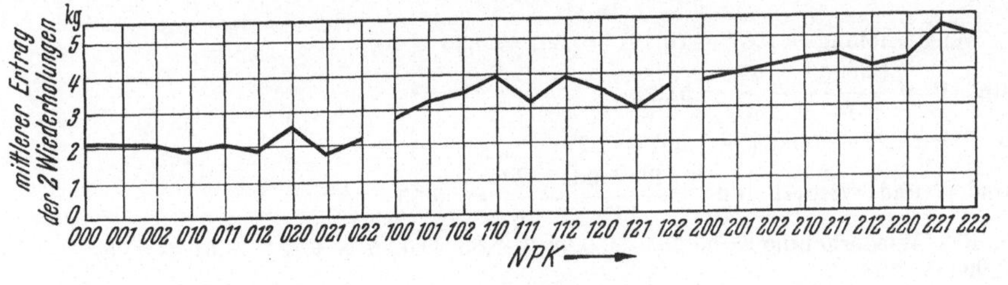

Abb. 9.

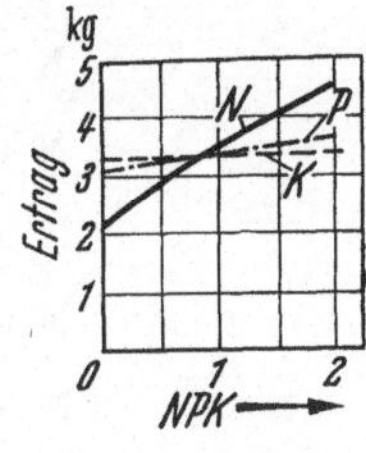

Abb. 10.

Berechnung der Quadratsummen (S. q.) $T^2 = 181,91^2 = 33091,25$	Zahlen zu finden in Tabelle
S. q. total $= 1,86^2 + \cdots + 4,62^2 = 675,42$	1
„ Wiederholung $= 93,13^2 + 88,78^2 = 16555,09$	1
„ N $= 38,24^2 + 62,77^2 + 80,90^2 = 11947,18$	5, 8 od. 9
„ N und Wiederholung $= 19,71^2 + \cdots + 39,61^2 = 5976,80$	5
„ P $= 56,76^2 + 61,08^2 + 64,07^2 = 11057,43$	6, 8 od. 10
„ P und Wiederholung $= 27,64^2 + \cdots + 29,97^2 = 5539,78$	6
„ K $= 60,15^2 + 59,66^2 + 62,10^2 = 11033,75$	7, 9 od. 10
„ K und Wiederholung $= 30,29^2 + \cdots + 29,33^2 = 5522,99$	7
„ N und P $= 12,88^2 + \cdots + 29,81^2 = 4002,09$	8
„ N und P und Wiederholung $= 6,04^2 + \cdots + 14,06^2 = 2005,06$	2
„ N und K $= 13,54^2 + \cdots + 27,23^2 = 3990,82$	9
„ N und K und Wiederholung $= 6,99^2 + \cdots + 13,41^2 = 1998,65$	3
„ P und K $= 17,81^2 + \cdots + 22,03^2 = 3689,41$	10
„ P und K und Wiederholung $= 8,17^2 + \cdots + 9,94^2 = 1850,43$	4
„ N und P und K $= 4,37^2 + \cdots + 10,17^2 = 1340,13$	1
„ N und P und K und Wiederholung $=$ Total $= 1,86^2 + \cdots + 4,62^2$ $= 675,42$	1

Berechnung der Summen der quadratischen Abweichungen (S. q. A.)

$$\frac{T^2}{n} = \frac{33091,25}{54} = 612,80$$

S. q. A. total $= 675,42 - 612,80 = 62,62$

„ Zwischenklassen $= \dfrac{16555,09}{27} - \dfrac{T^2}{n} = 0,35$

„ Binnenklassen $= 62,62 - 0,35 = 62,27$

„ Behandlung (N, P und K) $= \dfrac{1340,13}{2} - \dfrac{T^2}{n} = 57,27$

„ Behandlung $\times$ Wiederholung $= 62,27 - 57,27 = 5,00$

„ N $= \dfrac{11947,18}{18} - \dfrac{T^2}{n} = 50,93$

„ N und Wiederholung $= \dfrac{5976,80}{9} - \dfrac{T^2}{n} = 51,29$

„ N $\times$ Wiederholung $= 51,29 - (50,93 + 0,35) = 0,01$

„ P $= \dfrac{11057,43}{18} - \dfrac{T^2}{n} = 1,50$

„ P und Wiederholung $= \dfrac{5539,78}{9} - \dfrac{T^2}{n} = 2,73$

„ P $\times$ Wiederholung $= 2,73 - (1,50 + 0,35) = 0,88$

„ K $= \dfrac{11033,75}{9} - \dfrac{T^2}{n} = 0,19$

„ K und Wiederholung $= \dfrac{5522,99}{9} - \dfrac{T^2}{n} = 0,87$

„ K $\times$ Wiederholung $= 0,87 - (0,19 + 0,35) = 0,33$

„ N und P $= \dfrac{4002,09}{6} - \dfrac{T^2}{n} = 54,22$

„ N $\times$ P $= 54,22 - (50,93 + 1,50) = 1,79$

„ N und P und Wiederholung $= \dfrac{2005,06}{3} - \dfrac{T^2}{n} = 55,55$

„ N $\times$ P $\times$ Wiederholung $= 55,55 - (50,93 + 1,50 + 0,35 + 1,79 + 0,01 + 0,88)$
   $= 0,09$

„ N und K $= \dfrac{3990,82}{6} - \dfrac{T^2}{n} = 52,32$

„ N $\times$ K $= 52,32 - (50,93 + 0,19) = 1,20$

„ N und K und Wiederholung $= \dfrac{1998,65}{3} - \dfrac{T^2}{n} = 53,42$

„ N $\times$ K $\times$ Wiederholung $= 53,42 - (50,93 + 0,19 + 0,35 + 1,20 + 0,01 + 0,33)$
   $= 0,41$

„ P und K $= \dfrac{3689,41}{6} - \dfrac{T^2}{n} = 2,10$

„ P $\times$ K $= 2,10 - (1,50 + 0,19) = 0,41$

„ P und K und Wiederholung $= \dfrac{1850,43}{3} - \dfrac{T^2}{n} = 4,01$

„ P $\times$ K $\times$ Wiederholung $= 4,01 - (1,50 + 0,19 + 0,35 + 0,41 + 0,88 + 0,33)$
   $= 0,35$

„ N und P und K $= \dfrac{1340,13}{2} - \dfrac{T^2}{n} = 57,27$

„ N $\times$ P $\times$ K $= 57,27 - (50,93 + 1,50 + 0,19 + 1,79 + 1,20 + 0,41) = 1,25$

„ N und P und K und Wiederholung $=$ total $= 62,62$

„ N $\times$ P $\times$ K $\times$ Wiederholung $= 62,62 - (50,93 + 1,50 + 0,19 + 0,35 + 1,79 +$
   $+ 1,20 + 0,01 + 0,41 + 0,88 + 0,33 + 0,09 + 0,41 + 0,35 + 1,25) = 2,93$

Endanalyse.

Variationsursache	S.q.A.	F.G.	σ^2	F-ber.	F-Grenzwerte 95 %	F-Grenzwerte 99 %	F-ber./F-Grenzw. 95 %	F-ber./F-Grenzw. 99 %
Zwischenklassen . .	0,35	1	0,35	0,03	249,04	6234,16	0,00	0,00
Binnenklassen . . .	62,27	52	1,20					
Behandlung	57,27	26	2,20	11,57	1,95	2,58	6,03	4,48
Behandlung $\times$ Wiederholung . .	5,00	26	0,19					
N	50,93	2	25,46	5093,0	19,00	99,01	268,05	51,44
N $\times$ Wiederholung .	0,01	2	0,005					
P	1,50	2	0,75	1,70	19,00	99,01	0,00	0,00
P $\times$ Wiederholung .	0,88	2	0,44					
K	0,19	2	0,095	0,58	19,00	99,01	0,00	0,00
K $\times$ Wiederholung .	0,33	2	0,165					
N $\times$ P	1,79	4	0,475	17,90	6,39	15,98	2,80	1,12
N $\times$ P $\times$ Wiederholung	0,09	4	0,025					
N $\times$ K	1,20	4	0,30	3,00	6,39	15,98	0,47	0,19
N $\times$ K $\times$ Wiederholung	0,41	4	0,10					
P $\times$ K	0,41	4	0,10	1,00	6,39	15,98	0,16	0,07
P $\times$ K $\times$ Wiederhlg.	0,35	4	0,09					
N $\times$ P $\times$ K	1,25	8	0,156	0,43	3,44	6,03	0,13	0,07
N $\times$ P $\times$ K $\times$ Wiederholung . .	2,93	8	0,366					

$$\text{mittlerer Fehler des Versuchs} = \frac{\sqrt{\dfrac{0,366}{54}} \times 100}{\dfrac{181,91}{54}} = 2,4\,\%.$$

Berechnung der Minimumwerte von „gesicherten" und „gut gesicherten" Differenzen und Kombinationswirkungen zwischen

1. Düngungssummen (Differenzen zwischen den Summenzahlen von Tab. 1):

$$V^+ = t_{2(n-1)}\sqrt{2n\sigma^2} = 4,303 \times \sqrt{2 \times 2 \times 0,19} = 3,74$$
$$V^{++} \qquad\qquad = 9,925 \times 0,87 \qquad\qquad = 8,63$$

2. N-Summen:

$$V^+ = 2,042 \times \sqrt{2 \times 18 \times 0,005} = 0,88$$
$$V^{++} = 2,75 \times 0,43 \qquad\qquad = 1,18$$

3. P-Summen:

$$V^+ = 2,042 \times \sqrt{2 \times 18 \times 0,44} = 8,12$$
$$V^{++} = 2,75 \times 3,98 \qquad\qquad = 10,95$$

4. K-Summen:

$$V^+ = 2,042 \times \sqrt{2 \times 18 \times 0,165} = 4,98$$
$$V^{++} = 2,750 \times 2,44 \qquad\qquad = 6,71$$

Kombinationswirkungen:

5. N $\times$ P: $\quad I^+ = t_{4(n-1)}\sqrt{4n\sigma^2} = t_{20} \times \sqrt{4 \times 6 \times 0,025} = 2,086 \times 0,78 = 1,6$
$\qquad\qquad I^{++} \qquad\qquad\qquad\qquad\qquad = 2,845 \times 0,78 = 2,2$

6. N $\times$ K: $\quad I^+ = 2,086 \sqrt{4 \times 6 \times 0,10} = 3,2$
$\qquad\qquad I^{++} = 2,845 \times 1,55 \qquad = 4,4$

7. P $\times$ K: $\quad I^+ = 2,086 \sqrt{4 \times 6 \times 0,09} = 3,1$
$\qquad\qquad I^{++} = 2,845 \times 1,47 \qquad = 4,2$

Differenztabellen zwischen N-, P- und K-Summen.

2 N	1 N	0 N	Summe	N
2 N	18,1++	42,7++	80,9	2 N
	1 N	24,5++	62,8	1 N
		0 N	38,2	0 N

2 P	1 P	0 P	Summe	P
2 P	3,0—	7,3—	64,1	2 P
	1 P	4,3—	61,1	1 P
		0 P	56,8	0 P

2 K	0 K	1 K	Summe	K
2 K	1,95—	2,44—	62,10	2 K
	0 K	0,49—	60,15	0 K
		1 K	59,66	1 K

Berechnung der wichtigsten Kombinationswirkungen (vgl. Tab. 8, 9 und 10).

$$N_0\,P_0/N_1\,P_1 = +\,4{,}91^{++} \qquad N_0\,K_0/N_1\,K_1 = +\,0{,}65^{-} \qquad P_0\,K_0/P_1\,K_1 = -\,3{,}09^{+}$$
$$N_0\,P_0/N_2\,P_2 = +\,4{,}87^{++} \qquad N_0\,K_0/N_2\,K_2 = +\,2{,}66^{-} \qquad P_0\,K_0/P_2\,K_2 = -\,2{,}40^{-}$$
$$N_1\,P_1/N_2\,P_2 = +\,4{,}73^{++} \qquad N_1\,K_1/N_2\,K_2 = -\,3{,}80^{+} \qquad P_1\,K_1/P_2\,K_2 = +\,1{,}11^{-}$$

IX. Das Magische Quadrat (Latin-square).

Die Einteilung eines Versuchsfeldes nach einem Latin-square (= lateinisches Quadrat = Magisches Quadrat) stellt folgende Anforderungen:

1. Das Versuchsfeld besteht aus ebenso vielen Reihen wie Spalten wie Objekten.

2. In jeder Reihe und in jeder Spalte darf jedes Objekt (z. B. jede Behandlung) nur einmal vorkommen[1].

Die Einteilung kann also nicht nach dem Los geschehen, da durch das Los „zufällig" ein Objekt mehrmals in einer Reihe oder Spalte vorkommen kann. Meist ist die Anlage derartiger Versuchsfelder gekennzeichnet durch ein bestimmtes System, im unten angeführten Zahlenbeispiel ist die Lage der 5 Objekte bestimmt durch den „Rösselsprung". Ein Versuch, der nach der Latin-square-Methode angelegt wurde, bietet den Vorteil, daß etwa vorhandene systematische Bodenunterschiede keinen bedeutenden Einfluß auf das Ergebnis des Versuches haben. Ist z. B. eine Reihe oder Spalte fruchtbarer als die übrigen, dann werden

---

[1] Vgl. J. A. GROOTENHUIS u. J. J. POST: Het „Latin-square" als meest doelmatige proefschema voor niet te groote proeven. Mededeelingen van den Directeur van den Tuinbouw. Maart 1946.

(J. A. GROOTENHUIS u. J. J. POST: Das Latin-square als zweckmäßigstes Versuchsschema für nicht zu umfangreiche Versuche. Mitteilungen des Ministerialdirektors für den Gartenbau. März 1946).

alle Objekte den gleichen Vorteil davon haben. Bei einer Einteilung nach dem Los ist dies nicht immer der Fall. Versuche mit Hilfe der Latin-square-Methode können als Regel nur mit einem oder zwei systematischen Faktoren angelegt werden, da sonst das Versuchsfeld zu groß wird. Dies hängt zusammen mit den Anforderungen, die an die Planung von Latin-square-Versuchen gestellt werden.

Wir geben zuerst als Beispiel einer Berechnung nach der Latin-square-Methode ein einfaches Zahlenbeispiel mit 5 Reihen, 5 Spalten und 5 Objekten. Die Objektnummer ist links oben eingetragen, der „Ertrag" links unten.

| Reihe | Spalte | | | | | S |
	a	b	c	d	e	
a	*1* 5	*2* 6	*3* 11	*4* 13	*5* 11	46
b	*4* 12	*5* 11	*1* 7	*2* 13	*3* 14	57
c	*2* 13	*3* 9	*4* 17	*5* 13	*1* 8	60
d	*5* 15	*1* 10	*2* 7	*3* 10	*4* 14	56
e	*3* 11	*4* 14	*5* 10	*1* 5	*2* 11	51
S	56	50	52	54	58	270

Analyse der Anzahl der F. G.

$$\text{total } 24 \begin{cases} \text{Reihen } 4 \\ \text{Spalten } 4 \\ \text{Rest } 16 \\ \text{Objekt } 4 \\ \text{Zufall } 12 \end{cases}$$

Σ Obj. $1 = 5 + 7 + 8 + 10 + 5$
$\quad = 35 = S_1$

Σ Obj. $2 = 7 + 11 + 6 + 13 + 13$
$\quad = 50 = S_2$

Σ Obj. $3 = 14 + 9 + 10 + 11 + 11$
$\quad = 55 = S_3$

Σ Obj. $4 = 14 + 13 + 12 + 17 +$
$\quad + 14 = 70 = S_4$

Σ Obj. $5 = 13 + 15 + 10 + 11 +$
$\quad + 11 = 60 = S_5$

Summe der Quadrate:

$$\begin{aligned} \text{total} &= 5^2 + \cdots 11^2 = 3156,0 \\ \text{Reihen} &= 46^2 + \cdots 51^2 = 14\,702,0 \\ \text{Spalten} &= 56^2 + \cdots 58^2 = 14\,620,0 \\ \text{Objekte} &= 35^2 + \cdots 60^2 = 15\,250,0 \end{aligned}$$

Quadratsummen der Abweichungen:

$$\frac{T^2}{n} = \frac{270^2}{25} = 2916,0$$

$$\text{S. q. A. total} = 3156,0 - 2916,0 = 240,0$$

$$\text{S. q. A. Reihen} = \frac{14\,702,0}{5} - 2916,0 = 24,4$$

$$\text{S. q. A. Spalten} = \frac{14\,620,0}{5} - 2916,0 = 8,0$$

$$\text{S. q. A. Objekte} = \frac{15\,250,0}{5} - 2916,0 = 134,0$$

$$\text{S. q. A. Zufall} = 240,0 - (24,4 + 8,0 + 134,0) = 73,6$$

Endanalyse.

| Variationsursache | S. q. A. | F.G. | σ^2 | F-ber. | F-Grenzwerte | | F-ber./F-Grenzw. | |
					95 %	99 %	95 %	99 %
Reihen	24,4	4	6,1	1,0	5,91	14,37	0,17	0,07
Spalten	8,0	4	2,0	0,3	5,91	14,37	0,05	0,00
Objekte	134,0	4	33,5	5,46	3,26	5,41	1,68	1,01
Zufallsrest	73,6	12	6,13	—	—	—	—	—

Ein Vorteil der Latin-square-Methode ist also, daß für die Berechnung des Zufallsrestes ein Zeilen- und ein Spaltenfaktor in Rechnung gestellt werden können, weil beide als Parallelen aufzufassen sind. Der Nachteil der Latin-square-Versuche ist, wie gesagt, daß das Versuchsfeld zu groß wird, sobald man mehrere Faktoren in den Versuch einbeziehen will, zu groß in dem Sinn, daß es zuviel Arbeit erfordert. Es ist allerdings möglich, einen Versuch mit mehr als einem systematischen Faktor doch nach einem Latin-square einzurichten. Man wählt dann die Anordnung der Beete so, daß für den einen Faktor sich eine Latin-square-Einteilung ergibt. Man hat dann das Versuchsfeld derartig eingeteilt, daß die Wiederholungen auf zwei Weisen zu wählen sind. Ein Beispiel hierfür gibt der untenstehende Versuch mit Sojabohnen. Verglichen wurden drei Rassen bei drei Pflanzenabständen. Gemessen wurde der Ertrag in Gramm. Im folgenden Versuchsfeldschema sind die Erträge (in g je 8 m²) rechts unten in jedem Fach eingetragen.

N ↑								
J 19 1175	W 20 I 1360	Y 21 845	J 22 563	W 23 II 885	Y 24 430	J 25 915	W 26 III 1095	Y 27 485
W 10 1150	J 11 II 585	Y 12 515	W 13 1780	J 14 III 1385	Y 15 1110	W 16 1965	J 17 I 1378	Y 18 890
W 1 1545	Y 2 III 595	J 3 1280	W 4 1895	Y 5 I 435	J 6 1375	W 7 740	Y 8 II 480	J 9 770

3 Rassen: Y = Yoshioka chinrin
            W = weka
            J = J 238

3 Pflanzenabstände:

     I = 20 × 20 cm Pflanzenabstand (1 Samen je Pflanzloch)
    II = 40 × 40 cm Pflanzenabstand (1 Samen je Pflanzloch)
   III = 40 × 40 cm Pflanzenabstand (3 Samen je Pflanzloch).

Die Wiederholungen sind nun wie folgt zu wählen:

a) können wir Fach 1 bis 9 als Block a (Parallele) auffassen, Block b umfaßt dann die Fächer 10 bis 18, Block c die Fächer 19 bis 27 (Blockrichtung S—N),

b) können wir als Block a das Geländestück auffassen, das durch die Fächer 1, 3, 19, 21 begrenzt wird. Block b ist dann begrenzt durch die Fächer 4, 6, 22 und 24, Block c ist begrenzt durch die Fächer 7, 9, 25, 27 (Blockrichtung W—O).

Diese Anordnung hat den Vorteil, daß es immer noch möglich ist, mit zwei Streifen weiterzuarbeiten, wenn durch Umstände ein Streifen des Versuchsfeldes ausfällt. Die Berechnungen können also auch auf zwei Arten in Angriff genommen werden:

1. nach der Anordnung: Wiederholungen in Richtung S—N,

2. nach der Anordnung: Wiederholungen in Richtung W—O.

Von diesen Berechnungen werden die zwei Endanalysen verglichen.

Wiederholungen in Richtung S—N.

Variationsursache	S.q.A.	F.G.	Varianz	F-ber.	F-Grenzwerte		F-ber./ F-Grenzw.	
					95 %	99 %	95 %	99 %
Zwischenklassen	580 935,0	2	190 467,5	0,87	19,44	99,45	0,04	0,01
Rest = Binnenklassen . .	5 234 028,0	24	218 084,5					
Pflanzenabstand	1 657 607,4	2	828 803,7	5,56	6,94	18,00	0,80	0,31
Pflanzenabstand × Wiederholung	595 959,3	4	148 989,2					
Rasse	2 449 635,2	2	1 224 817,6	39,43	6,94	18,00	5,68	2,19
Rasse × Wiederholung .	124 259,5	4	31 064,9					
Rasse × Pflanzenabstand	268 603,7	4	67 150,9	0,83	6,04	14,80	0,14	0,06
Rasse × Pflanzenabstand × Wiederholung . . .	641 334,9	8	80 166,7					

$$\text{m. F.} = \sqrt{\frac{80166,7}{27}} = 54,5 \qquad \text{m. F.} = 5,3\,\%$$

Wiederholungen in Richtung W—O.

Variationsursache	S.q.A.	F.G.	Varianz	F-ber.	F-Grenzw.		F-ber./ F-Grenzw.	
					95 %	99 %	95 %	99 %
Zwischenklassen	77 563,0	2	38 781,5	0,16	19,44	99,45	0,008	0,00
Rest = Binnenklassen	5 737 400,0	24	239 058,3					
Pflanzenabstand . . .	1 657 607,4	2	828 803,7	5,56	6,94	18,00	0,80	0,31
Pflanzenabstand × Wiederholung . . .	595 959,3	4	148 989,2					
Rasse	2 449 635,2	2	1 224 817,6	116,42	6,94	18,00	16,78	6,47
Rasse × Wiederholung	42 081,5	4	10 520,4					
Rasse × Pflanzenab- stand	268 603,7	4	67 150,9	0,74	6,04	14,80	0,12	0,05
Rasse × Pflanzenab- stand × Wiederholg.	723 512,9	8	90 439,1					

$$\text{m. F.} = \sqrt{\frac{90439,1}{27}} = 57,9 \qquad \text{m. F.} = 5,7\,\%$$

Wir sehen also, daß es für die Berechnung der Rassenunterschiede nicht gleichgültig ist, wie wir die Wiederholungen wählen. Wählen wir die Wiederholungen in der Richtung S—N, dann wird für die Varianz Rasse × Wiederholung ein viel größerer Wert gefunden als bei der Wahl der Wiederholungen in Richtung W—O.

Die Wahl der Klassen als lange Streifen (in Richtung S—N) wird als weniger exakt beurteilt. Man sagt nämlich, daß durch eine mehr quadratische Blockform die Bodendifferenzen besser „aufgefangen" werden als in einem langgestreckten Block. Bei diesem Versuchsfeld kann dies nachgeprüft werden: das Versuchsfeld war etwas geneigt in Richtung N—S, und es ist sehr wahrscheinlich, daß die Südseite des Versuchsfeldes durch Anschwemmung etwas fruchtbarer war als die Nordseite. In der Richtung N—S wird also ein zusätzlicher systematischer Faktor eingeschaltet. Dieser systematische Faktor ist bei der Wahl der Blockrichtung W—O nicht bemerkbar, weil dann jeder Block etwas von dem fruchtbareren Streifen enthält. In den meisten Fällen brachten die Beete, die an der Südseite des Versuchsfeldes lagen, einen etwas größeren Ertrag als die gleich behandelten Beete an der Nordseite. Es konnte also tatsächlich von einem systematischen Fruchtbarkeitsverlauf gesprochen werden. Dieser Verlauf kann die Schlußfolgerungen beeinflussen. Bei der Beurteilung der Ergebnisse ist es notwendig, ein derartiges Fruchtbarkeitsgefälle auszuschalten. Je deutlicher dieser Fruchtbarkeitsverlauf ist, um so größer wird die Varianz für die Gruppe „Wiederholungen". Diejenige statistische Analyse, die den größten Wert für die Zwischenblockvarianz liefert, muß als die richtigste angesehen werden. Die Schlußfolgerungen werden dann sowenig wie möglich durch ein Fruchtbarkeitsgefälle beeinflußt.

X. Auswertung von Versuchsfeldergebnissen über mehrere Jahre.

Aus Ergebnissen eines einjährigen Versuchs können in der Regel nicht genügend Folgerungen gezogen werden. Ganz bestimmt darf man keine Anweisungen für die Praxis geben, die nur auf den Beobachtungen eines einzigen Jahres beruhen. Die Wetterbedingungen können von einem Jahr zum anderen derartig variieren, daß der gleiche Versuch in einem Jahr ein ganz anderes Ergebnis liefert als im anderen, es sind daher bedeutende Kombinationswirkungen möglich. Im allgemeinen wird man bei Versuchen, die mehrere Jahre hintereinander wiederholt wurden, zunächst anfangen, die Ergebnisse eines jeden Jahres gesondert zu verarbeiten. Wenn man das Zahlenmaterial der verschiedenen Jahre zusammen verarbeiten will, kann man natürlich die Zahlen für diese Jahre in einer Tabelle vereinigen, hieraus zusammenfassende Tabellen machen und nach dem gegebenen Schema weiterverarbeiten. Es ist jedoch möglich, bei der Rechenarbeit wesentlich Zeit zu sparen. Wir wollen dies an Hand einer Analyse der Anzahl der Freiheitsgrade erläutern und wählen hierzu das Beisp. aus Kap. VII. Der darin behandelte Versuch wurde im folgenden Jahr wiederholt, die Versuchsanordnung war vollständig gleich geblieben. Bei der Auswertung des Zahlenmaterials über zwei Jahre wurde die folgende Analyse der Anzahl der Freiheitsgrade aufgestellt (s. S.):

Die Berechnung der Quadratsummen geht jetzt wie folgt vor sich:

Quadratsumme Zwischenjahre:

Diese Quadratsumme finden wir, indem die Quadrate der Summen beider Versuche addiert werden. Also $T_1^2 + T_2^2 =$ Quadratsumme Zwischenjahre.

Quadratsumme Jahr + Wiederholung:

Wir berechneten für jedes Jahr eine Quadratsumme für „Wiederholungen". Addieren wir diese Quadratsummen, dann finden wir die Quadratsumme von „Jahr + Wiederholung".

Quadratsumme Jahr + Düngung:

Für jedes Jahr gesondert berechneten wir bereits eine Quadratsumme für den Faktor „Düngung". Wenn wir diese Quadratsummen addieren, dann finden wir diese Quadratsumme für Jahr + Düngung.

Quadratsumme Düngung:

Diese finden wir dadurch, daß wir eine neue Tabelle machen, in der z. B. Saatgutmenge und Düngung miteinander verglichen werden, die Düngungssummen quadrieren und addieren.

Quadratsumme Jahr + Saatgutmenge + Düngung:

Bei der Auswertung des Zahlenmaterials für jedes Jahr gesondert wurde u. a. die Quadratsumme Saatgutmenge + Düngung berechnet. Wenn wir die beiden Quadratsummen Saatgutmenge und Düngung addieren, dann finden wir die Quadratsumme Jahr + Saatgutmenge + Düngung.

Analyse der Anzahl der Freiheitsgrade.

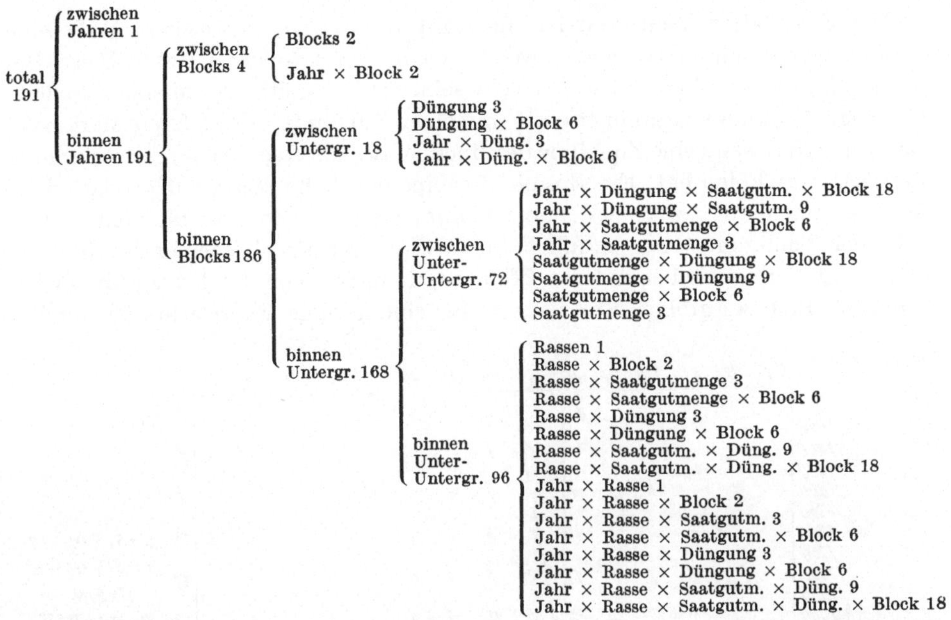

So werden alle Quadratsummen, bei denen das Wort „*Jahr*" vorkommt, durch Addition gefunden. Für die Berechnung der Quadratsummen, in denen das Wort „*Jahr*" nicht vorkommt, müssen neue Tabellen gemacht werden.

Eine gleichartige Überlegung gilt für den Fall, daß man Zahlenmaterial von Versuchsfeldern der gleichen Anordnung und Behandlung vergleichen will, die aber an verschiedenen Orten angelegt wurden. Zur Übung könnte man den Versuch, der in Kap. VI behandelt wurde, in drei Teile spalten und so die Erträge für jedes Erntedatum gesondert auswerten. Wertet man danach den Versuch als Ganzes aus, dann muß die Quadratsumme Rasse + Erntedatum gleich sein mit der Quadratsumme für Rassen bei Erntedatum 1 + der Quadratsumme für Rassen bei Erntedatum 2 + der Quadratsumme für Rassen bei Erntedatum 3. Wenn man in dieser Weise vorgeht, kann die Auswertung von Versuchen über mehrere Jahre hin keine unüberwindlichen Hindernisse ergeben. Bei einer derartigen Auswertung findet man oft interessante Kombinationswirkungen.

XI. Korrelations- und Regressionsberechnungen.

Wenn gleich die Korrelations- und Regressionsberechnungen nicht direkt in Verbindung stehen mit der Auswertung von Varianz-Versuchen, so ist es doch im Hinblick auf die im folgenden Kapitel zu besprechende Kovarianz-Methode notwendig, etwas über die Korrelations- und Regressionsberechnungen mitzuteilen. In diesem Kapitel werden nur die Korrelation und Regression zwischen zwei Veränderlichen besprochen.

1. Der Korrelationskoeffizient.

Der Korrelationskoeffizient ist eine Zahl, die angibt, in welchem Maße eine bestimmte Beziehung zwischen zwei beobachteten Größen besteht. Diese Beziehung kann sowohl positiv wie negativ sein. Sie ist positiv, wenn eine Zunahme des einen Merkmals zusammentrifft mit einer Zunahme des anderen Merkmals. Sie ist negativ, wenn eine Zunahme des einen Merkmals eine Abnahme des anderen Merkmals zur Folge hat. Ein Beispiel für eine deutliche positive Korrelation ist der Zusammenhang zwischen der Anzahl der geernteten Früchte und dem Ertrag, z. B. bei Tomaten. Wenn nämlich die Anzahl der Früchte einer bestimmten Pflanze größer ist als bei anderen Pflanzen, dann ist auch der Ertrag (dieser bestimmten Pflanze) größer. Ein Beispiel für eine geringe Korrelation ist der Zu-

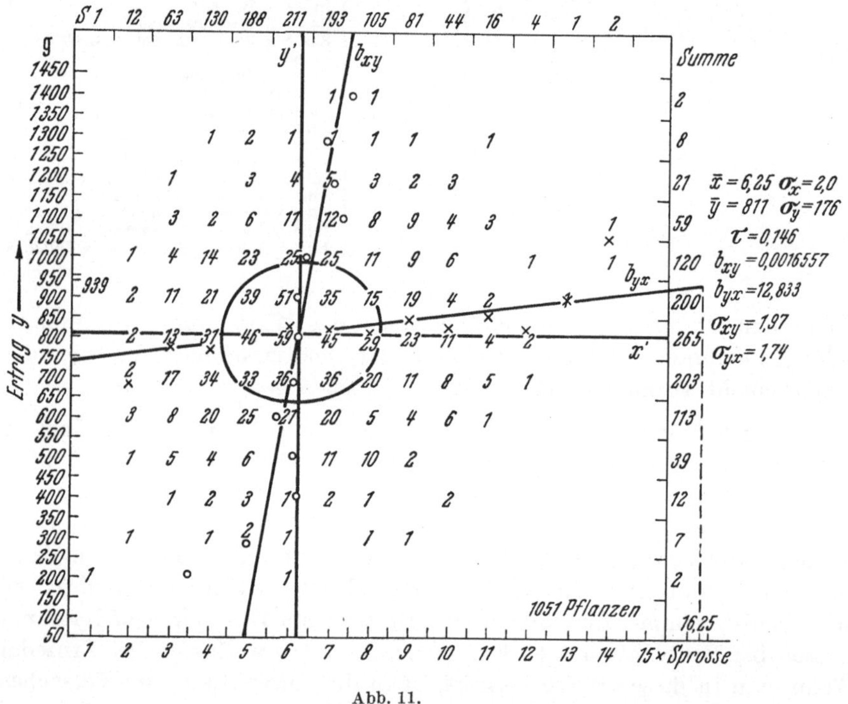

Abb. 11.

sammenhang zwischen der Regenmenge im Januar und im Juli desselben Jahres. Eine negative Korrelation ist z. B. der Zusammenhang zwischen dem Ertrag von Kartoffeln und dem Prozentsatz Abfall (Knollen unter einer bestimmten Größe).

Neben dem Berechnen eines Korrelationskoeffizienten (mit r bezeichnet) ist es wichtig, die Standardabweichung dieses Korrelationskoeffizienten zu bestimmen. Die Standardabweichung von r ist ein Maß für die Zuverlässigkeit von r. Gesicherte Werte können erst berechnet werden, wenn man über eine ziemlich große Anzahl von Beobachtungen verfügen kann. Je mehr Beobachtungen, um so gesicherter ist der Wert des Korrelationskoeffizienten.

Im Anhang zu diesem Kapitel ist ein Beispiel ausgearbeitet. Das Zahlenmaterial stammt aus einer Veröffentlichung von A. E. H. R. BOONSTRA in

Wageningen[1] und bezieht sich auf einen Kartoffelversuch. Von 1051 Pflanzen wurde die Anzahl der Triebe und der Ertrag je Pflanze bestimmt. Wenn man ein derartiges Zahlenmaterial graphisch darstellen will, kann man eine sogenannte Punktkarte anfertigen. Jeder Punkt auf einer derartigen Punktkarte gibt den Ertrag und die zugehörige Anzahl Stengel einer Pflanze wieder. Meist rechnet man bei der Auswertung von großen Anzahlen von Beobachtungen nicht mit der einzelnen Beobachtung, sondern teilt diese in gesonderte Gruppen (Klassen) ein. In jeder Gruppe wird notiert, wie oft eine Beobachtung hierin fällt (Häufigkeit, Abb. 11). Es waren also 3 Pflanzen vorhanden, die zwei Stengel besaßen und einen Ertrag lieferten von 600 g, 2 Pflanzen hatten zwei Stengel und einen zugehörigen Ertrag von 700 g usw. Auf der horizontalen Achse (X-Achse, Abszisse) wird die Anzahl der Stengel aufgetragen, auf der vertikalen Achse (Y-Achse, Ordinate) der Ertrag in Gramm. An der Oberseite der graphischen Darstellung (Abb. 11) ist die Häufigkeitsverteilung für die Anzahl der Triebe dargestellt. (Für die Häufigkeitsverteilung s. Kap. I und IV.) Für den Ertrag ist eine Klasseneinteilung vorgenommen in der Weise, wie wir sie im Kapitel „Blanko-Versuche" kennengelernt hatten. Die Klasse umfaßt hier 100 g. An der rechten Seite der graphischen Darstellung ist die Häufigkeitsverteilung für die Erträge gegeben.

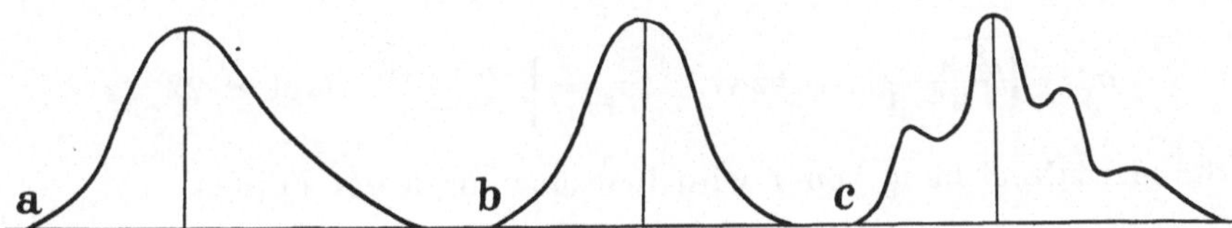

Abb. 12a—c. a schiefe Häufigkeitskurve; b ideale Häufigkeitskurve; c „mehrgipflige" Häufigkeitskurve.

Es ist notwendig, bevor man die Berechnungen ausführt, sich davon zu überzeugen, daß man es mit einer normalen Korrelation zu tun hat. Dies ist nur dann der Fall, wenn von den beiden Merkmalen die Häufigkeitskurven genügend übereinstimmen mit der Normalkurve für die Häufigkeitsverteilung. Wenn die Häufigkeitskurve schief ist oder wenn die Kurve keinen ungestörten Verlauf zeigt (vgl. Abb. 12a und c), dann weist dies darauf hin, daß das Material nicht ideal geeignet ist für die auszuführenden Berechnungen.

In dem hier behandelten Beisp. sieht man, daß beide Häufigkeitskurven nicht wesentlich von der Normalverteilung abweichen. Man hat es also mit einer normalen Korrelation zu tun (s. Anhang, S. 59, Abb. 13).

Wir wollen zuerst bestimmen, ob eine Korrelation besteht zwischen der Anzahl der Stengel und dem Ertrag je Pflanze. Der Korrelationskoeffizient wird berechnet nach der folgenden Formel:

$$r = \frac{\Sigma x y - \dfrac{\Sigma x \times \Sigma y}{n}}{\sqrt{\left(\Sigma x^2 - \dfrac{(\Sigma x)^2}{n}\right) \times \left(\Sigma y^2 - \dfrac{(\Sigma y)^2}{n}\right)}} .$$

---

[1] Vgl. Correlatie in de praktyk (Korrelationen in der Praxis), Landbouwkundig Tijdschrift Nov. 1943, S. 639.

Der Nenner enthält zwei Ausdrücke, die bereits bekannt sind aus der Varianz-analyse der vorhergehenden Kapitel. Dabei wurde $\Sigma x^2 - \frac{(\Sigma x)^2}{n}$ genannt: die Summe der quadratischen Abweichungen von x (S. q. A. x). $\Sigma y^2 - \frac{(\Sigma y)^2}{n}$ kann also hiermit in Übereinstimmung geschrieben werden als S. q. A. y.

S. q. A. x und S. q. A. y sind die Quadratsummen der Abweichungen vom Mittelwert.

Für den Zähler dieser Formel $\Sigma xy - \frac{\Sigma x \times \Sigma y}{n}$ wird aus dem gleichen Grund der Ausdruck „Summe der Produkte der Abweichungen" (S. P. A.) vorgeschla-gen. Das Ergebnis dieser Rechnung kann sowohl positiv wie negativ sein, im Gegensatz zu den Ergebnissen von S. q. A. x und S. q. A. y, welche nur positiv sein können. Die Formel für den Korrelationskoeffizienten kann also einfacher geschrieben werden als:

$$r = \frac{\text{S. P. A. } xy}{\sqrt{\text{S. q. A. } x \times \text{S. q. A. } y}}.$$

Aus der S. q. A. x und der S. q. A y sind die Standardabweichungen σ_x und σ_y (also nicht $\sigma_{\bar{x}}$ und $\sigma_{\bar{y}}$!) zu berechnen nach der bekannten Formel:

$$\sigma_x = \sqrt{\frac{\text{S. q. A. } x}{n-1}} \quad \text{bzw.} \quad \sigma_y = \sqrt{\frac{\text{S. q. A. } y}{n-1}} \quad \text{(vgl. S. 2).}$$

Die Standardabweichung von r wird berechnet nach der Formel

$$\sigma_r = \frac{1-r^2}{n-2}.$$

Der Sicherheitskoeffizient wird berechnet nach:

$$t_r = \frac{r}{\sigma_r}.$$

Der theoretische Grenzwert des Sicherheitskoeffizienten, also der Wert, den t erreichen muß, um gesichert oder gut gesichert genannt zu werden, wird gefunden in der t-Tabelle, die in den vorhergehenden Kapiteln mehrmals genannt wurde. Es wird nochmals darauf aufmerksam gemacht, daß n in der linken oberen Ecke dieser Tabelle die Anzahl der Freiheitsgrade angibt und nicht die Anzahl der Beobachtungen. Die Anzahl der Freiheitsgrade bei der Korrelations- und Re-gressionsberechnung ist $n - 2$, weil zwei Beobachtungen notwendig sind, um einen Punkt der Punktkarte zu finden.

Das hier behandelte Beispiel wurde gewählt, um gleichzeitig zu zeigen, wie aus den Ergebnissen einer Häufigkeitsverteilung die S. q. A. x, S. q. A. y und S. q. A. xy berechnet werden können. Die Bestimmung dieser Ausdrücke über die Häufigkeitsverteilung ergibt Zeit- und Papierersparnis gegenüber dem „üb-lichen" Vorgehen. Aus der Berechnung ergibt sich ein Korrelationskoeffizient von 0,146, also ein sehr niedriger Wert. Die Anzahl der Triebe und der Ertrag je Pflanze zeigen nach diesem Versuch keine enge Beziehung zueinander. Der Kor-relationskoeffizient ist in diesem Fall statistisch gut gesichert, der praktische Wert dieser Korrelation ist jedoch sehr gering einzuschätzen.

2. Der Regressionskoeffizent.

Die Regressionskoeffizienten geben an, inwieweit das eine beobachtete Merkmal das andere beeinflußt oder, anders ausgedrückt, inwieweit man aus dem Wert des einen Merkmals den Wert des anderen abschätzen kann. Die Regressionskoeffizienten haben eine ganz andere und meist eine wichtigere Bedeutung als der Korrelationskoeffizient. Der Korrelationskoeffizient gibt nur an, inwiefern von einer bestimmten Beziehung (einem bestimmten Zusammenhang) zwischen den Merkmalen x und y gesprochen werden kann. Der Regressionskoeffizient gibt an, in welcher Richtung dieser Zusammenhang gesucht werden muß. Der Regressionskoeffizient wird bezeichnet mit dem Buchstaben b oder mit dem großen Buchstaben R. Wenn man spricht von dem Regressionskoeffizienten b_{yx}, dann will man durch eine Zahl angeben, inwiefern das Merkmal y durch das Merkmal x beeinflußt wird. Der Regressionskoeffizient b_{xy} gibt dann an, inwiefern das Merkmal x durch das Merkmal y beeinflußt wird. Wir wollen dies erläutern an Hand des bereits bei der Berechnung des Korrelationskoeffizienten benutzten Zahlenmaterials von BOONSTRA. Die Formeln für b_{xy} und b_{yx} mit der zugehörigen Standardabweichung und dem Sicherheitskoeffizienten findet man im Anhang, S. 59.

Der Wert von $b_{xy} = 0{,}0016557$ und von $b_{yx} = 12{,}833$. Der Wert für b_{xy} ist in diesem Fall der bedeutendere, weil hierdurch ausgedrückt wird, inwieweit der Ertrag y abhängt von der Anzahl der Triebe x. Eine Regression von y im Hinblick auf x von 12,833 besagt in diesem Fall: wenn die Anzahl der Stengel um 1 zunimmt, vermehrt sich der Ertrag im Durchschnitt um 12,833 g. Dies kann man aus Abb. 11 auch ablesen. In dieser graphischen Darstellung sind nämlich unter anderem die mittleren Erträge für jede Anzahl von Stengeln gesondert angegeben durch ein Kreuzchen. Diese Mittelwerte heißen partielle Mittelwerte von y. Die Linie, die so gut wie möglich durch diese partiellen Mittelwerte läuft, ist die Linie mit der Richtungstangente 12,833 (hierauf wird noch näher eingegangen werden). „So gut wie möglich", will besagen, daß die Summe von allen Abständen der partiellen Mittelwerte von dieser Linie gleich 0 ist (vgl. Kap. I, $\Sigma u = 0$). Weiter sind die mittleren Stengelzahlen für jeden Ertrag gesondert angegeben. Dies sind die partiellen Mittelwerte von x. Die Linie, die so gut wie möglich durch diese partiellen Mittelwerte geht, ist die Linie mit der Richtungstangente 0,0016557.

Die Regressionslinien werden nun wie folgt konstruiert: Zuerst wird eine Linie gezogen parallel zur y-Achse im Abstand $\bar{x} = 6{,}25$ von der y-Achse, danach eine Linie parallel zur x-Achse im Abstand $\bar{y} = 811$ von dieser Achse. Die dadurch erhaltenen neuen Achsen x' und y' bilden den Ausgangspunkt für die weiteren Konstruktionen. Die Regressionslinie, für die $b_{yx} = 12{,}833$ gilt, wird nun wie folgt konstruiert: auf der x'-Achse wird ein bestimmter Abstand aufgetragen, z. B. 10 Einheiten. In unserem Fall kommen wir dann zum Punkt $x = 16{,}25$ (6,25 + 10). In diesem Punkt wird das Lot errichtet. Hierauf wird der Abstand 12,833 × 10 aufgetragen. So kommen wir zum Punkt $y = 939{,}33$ (811 + 128,33). Die Linie, die diesen zuletzt gefundenen Punkt mit dem Schnittpunkt der x'- und der y'-Achse verbindet, ist die Linie, für die $b_{yx} = 12{,}833$ gilt. Dies ist also zugleich die Linie, die so gut wie möglich die partiellen Mittelwerte von y verbindet.

Die Regressionslinie, für die $b_{xy} = 0{,}0016557$, wird wie folgt gefunden: auf der y'-Achse wird ein bestimmter Abstand aufgetragen, z. B. 1000 Einheiten (die Anzahl 1000 ist gewählt, weil sonst die Abstände zu klein werden für eine genaue Konstruktion). So kommen wir zum Punkt $y = 1811$ ($811 + 1000$). Durch diesen Punkt wird eine Linie parallel zur x'-Achse gezogen. Auf dieser Linie wird der Abstand $0{,}0016557 \times 1000$ aufgetragen. Auf diese Weise erhalten wir den Punkt $x = 7{,}91$ ($6{,}25 + 1{,}66$). Die Linie, die diesen Punkt verbindet mit dem Schnittpunkt der x'- und y'-Achse ist die Regressionslinie, die so gut wie möglich die partiellen Mittelwerte für x verbindet.

Bei der Bestimmung der Regressionslinien können wir auch die Kenntnis verwenden, daß $b_{xy} = \mathrm{tg}\,\alpha$ und $b_{yx} = \mathrm{tg}\,\beta$ ist.

Für b_{yx} gilt:

$$\mathrm{tg}\,\beta = 12{,}833,$$
$$\log \mathrm{tg}\,\beta = 11{,}10823 - 10,$$
$$\beta = 85° 33'.$$

Die Bedeutung der Regression von y gegen x kann noch wie folgt erläutert werden:

Wenn man aufgefordert wird, den Ertrag von einer der 1051 Pflanzen zu schätzen, dann kann man als beste Schätzung den Mittelwert (811 g) wählen. Wenn von der bestimmten Pflanze jedoch noch angegeben wird, daß es eine Pflanze mit acht Trieben ist, dann kann die Schätzung genauer ausfallen. Die beste Schätzung wird dann sein $811 + 1{,}75 \times 12{,}833 = 820{,}6$ g. Die Stengelzahl ist nämlich 1,75 mal größer als die mittlere Anzahl. Das Ergebnis 820,6 stimmt wieder überein mit dem in der graphischen Darstellung zu findenden Wert.

Wenn die Schätzung des Ertrages genauer sein kann, wenn die Zahl der Triebe bekannt ist, dann muß diese größere Genauigkeit in einer kleineren Standardabweichung zum Ausdruck kommen. Dies ist tatsächlich der Fall. Wenn die Anzahl der Triebe nicht angegeben wird, dann hat man als zuverlässigste Schätzung des Ertrages den Mittelwert, und mit dieser Schätzung ist eine Standardabweichung $\sigma_y = 176$ verbunden. Innerhalb einer Gruppe von Erträgen mit der gleichen Anzahl von Trieben ist die Standardabweichung, die in Analogie mit dem Ausdruck „partieller Mittelwert" auch wohl „partielle Standardabweichung" genannt wird:

$$\sigma_{yx} = \sqrt{1 - r^2} \times \sigma_y = 174.$$

Da die Korrelation hier so gering ist, ist der Unterschied zwischen σ_y und σ_{yx} nicht groß. Es kann übrigens erwartet werden, daß die partiellen Streuungen geringer sind als die Streuungen σ_x und σ_y, denn eine partielle Streuung wird berechnet für eine Serie von Erträgen bei einer bestimmten Anzahl von Stengeln, und bei einer derartigen stärker homogenen Reihe ist eine kleinere Streuung zu erwarten als bei der Auswertung des gesamten, heterogenen Zahlenmaterials. Dies gilt natürlich nur für Reihen, die aus einer genügend großen Anzahl von Beobachtungen bestehen, in diesem Fall also nur für die aus dem mittleren Teil der graphischen Darstellung.

Bei der vorhergehenden Darstellung wurde gefunden, daß der Ertrag stark abhängt von der Anzahl der Stengel. Ein genauer Vergleich der Erträge je Pflanze ist eigentlich nur dann möglich, wenn gleichwertige Zahlen verglichen werden können. Um gleichwertige mittlere Erträge zu erhalten, ist es notwendig, die beobachteten Ertragszahlen zu korrigieren mit der Anzahl der Triebe. Die neuen, verbesserten mittleren Erträge werden gefunden nach der Formel:

$$\bar{y}_n = \bar{y}_p - b_{y\,x} \times (x_p - \bar{x}).$$

$\bar{y}_n$ ist der neue korrigierte Ertrag.

$\bar{y}_p$ ist der partielle mittlere Ertrag, an dem man die Korrektur anbringen will.

$b_{y\,x}$ ist der Regressionskoeffizient von y gegen x.

x_p ist die Anzahl Triebe, die zu $\bar{y}_p$ gehören.

In der Tabelle des Anhangs, S. 60, sind die korrigierten Mittelwerte neben den partiellen Mittelwerten eingetragen. Man sieht, daß nach der Korrektur keine bestimmte Richtung mehr in den Erträgen zu finden ist. (Wenn wir den Winkel berechnen, den die Linie, die so gut wie möglich die korrigierten Erträge verbindet, mit der x'-Achse bildet, dann finden wir einen Winkel von ungefähr $1°$.) Wenn die Anzahl der Stengel in Rechnung gestellt wird, dann besteht tatsächlich kein reeller Unterschied mehr zwischen den Erträgen je Pflanze.

Die Standardabweichungen der Regressionskoeffizienten geben an, inwieweit die Regressionslinien mit der Linie, die die partiellen Mittelwerte verbindet, übereinstimmt. Rechnet man an Hand des hier ausgearbeiteten Beispiels die Standardabweichung der beiden Regressionskoeffizienten aus, dann findet man für:

$$\sigma_{b_{y\,x}} = 2{,}69; \qquad t_{b_{y\,x}} = \frac{12{,}833}{2{,}69} = 4{,}77^{++}$$

und für:

$$\sigma_{b_{x\,y}} = 0{,}000347; \qquad t_{b_{x\,y}} = \frac{0{,}0016557}{0{,}000347} = 4{,}77^{++}$$

In diesem Fall ist die Regression nach dem durch die Theorie geforderten Wert der Sicherheitskoeffizienten gut gesichert. Die Werte der Sicherheitskoeffizienten müssen gleich sein und auch gleich dem Wert des Sicherheitskoeffizienten t_r. Hierin besitzen wir eine gute Kontrolle für die Richtigkeit der Rechenarbeit.

Die korrigierten Stengelzahlen sind der Vollständigkeit halber in die Tabelle S. 60 eingetragen. Man sieht, daß auch für die korrigierten mittleren Stengelzahlen die gleichen Folgerungen zu ziehen sind wie für die nicht korrigierten gegenüber den korrigierten mittleren Erträgen. Die Anzahl der Triebe wird man normalerweise nicht korrigieren mit dem Ertrag, weil dies keinen Sinn hat.

Es ist möglich und in der Regel sehr anschaulich, in eine Punktkarte eine oder mehrere sogenannte Korrelations-Ellipsen zu zeichnen, um an Hand der Gestalt dieser Ellipsen direkt etwas über den mehr oder weniger engen Zusammenhang zwischen den beiden Variablen sehen zu können. Um den Schnittpunkt der x'- und y'-Achse können nämlich verschiedene Ellipsen gezeichnet werden.

Will man aus der Form einer derartigen Ellipse eine Schlußfolgerung ziehen, dann muß die graphische Darstellung der Punkte derartig sein, daß die Skaleneinheit in der x-Richtung und in der y-Richtung in einem bestimmten Verhältnis gewählt werden, z. B. 1 mm in x-Richtung $= 0,1\,\sigma_x$ und 1 mm in y-Richtung $= 0,1\,\sigma_y$.

Dies ergibt in der Praxis oft Schwierigkeiten. Darum kann man sich begnügen mit der Voraussetzung, daß die graphische Darstellung (Punktkarte) ebenso hoch wie breit sein muß. Für die Konstruktion der in die graphische Darstellung einzuzeichnenden Ellipse werden folgende Punkte in Betracht gezogen:

1. die horizontalen Tangenten der Ellipse werden gebildet durch die Linien, die parallel zur x'-Achse im Abstand von σ_y vom Schnittpunkt der x'- und y'-Achse liegen;

2. die vertikalen Tangenten der Ellipse werden gebildet durch die Linien, die parallel zur y'-Achse im Abstand von σ_x vom Schnittpunkt der x'- und y'-Achse gezogen werden;

3. die Ellipse schneidet die x'-Achse in zwei Punkten, die links und rechts des Schnittpunktes der x'- und y'-Achse liegen, im Abstand $\sigma_{xy} = \sqrt{(1 - r^2)} \times \sigma_x$;

4. die Ellipse schneidet die y'-Achse in zwei Punkten, welche links und rechts des Schnittpunktes der x'- und y'-Achse liegen im Abstand $\sigma_{yx} = \sqrt{(1 - r^2)} \times \sigma_y$;

5. die Ellipse schneidet die Regressionslinien genau in den Berührungspunkten mit den Tangenten.

Es sind viele Ellipsen möglich. Im hier behandelten Beispiel ist eine Ellipse gezeichnet, bei der die horizontalen Tangenten im Abstand $\sigma_y = 176$ und die vertikalen Tangenten im Abstand $\sigma_x = 2,0$ vom Schnittpunkt der x'- und y'-Achse liegen. Wenn man auch noch eine Ellipse zeichnet, für die gilt, daß die horizontalen Tangenten im Abstand $3 \times \sigma_y = 3 \times 176 = 528$ und die vertikalen Tangenten im Abstand $3 \times \sigma_x = 3 \times 2,0 = 6,0$ vom Schnittpunkt der x'- und y'-Achse entfernt sind, dann findet man, daß praktisch alle Beobachtungen in die Ellipse fallen. Im Kapitel I wurde die Zahl 3 eingeführt. Sie wurde damals als Maßstab genommen für das Verhältnis $\bar{x}/\sigma_{\bar{x}}$. Hier wird die Zahl 3 in einem anderen Zusammenhang wiedergefunden.

Wenn man dafür sorgt, daß die graphische Darstellung nahezu ebenso hoch wie breit ist, dann kann man aus der Form der Ellipse Folgerungen ziehen über eine mehr oder weniger enge Beziehung zwischen den beiden untersuchten Merkmalen. Wenn keine einzige Beziehung zwischen den beiden Merkmalen besteht, dann ist der Korrelationskoeffizient gleich 0. Die Ellipse hat dann die Gestalt eines Kreises. Ist der Zusammenhang absolut, dann ist der Korrelationskoeffizient gleich 1. Die Ellipse ist dann eine gerade Linie. Je mehr die Ellipse eine langgestreckte Gestalt hat, desto enger ist der Zusammenhang zwischen den beiden Merkmalen, desto größer ist also der Korrelationskoeffizient.

Anhang zu Kap. XI.

Korrelations- und Regressionsberechnungen nach einer Veröffentlichung von A. E. H. R. BOONSTRA (Landbouwkundig Tijdschrift Nov. 1943).

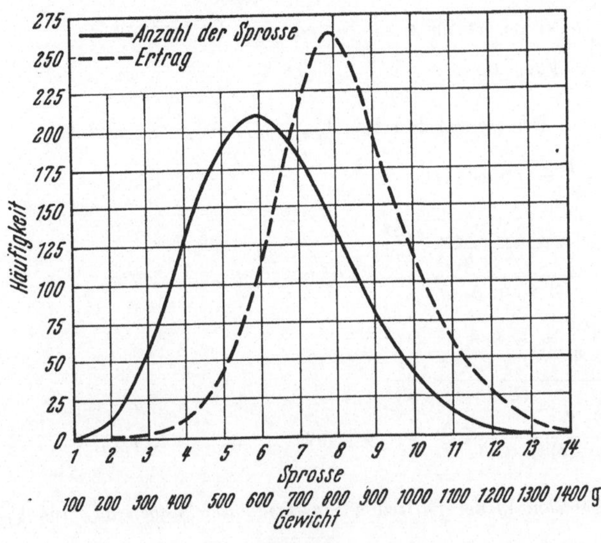

Abb. 13.

Berechnung von $\bar{x}$ und $\bar{y}$.

$$\bar{x} = \frac{1 \times 1 + 2 \times 12 + \cdots + 14 \times 2}{1051} = \frac{6565}{1051} = 6{,}25 \ \text{Stengel},$$

$$\bar{y} = \frac{2 \times 200 + 7 \times 300 + \cdots 2 \times 1400}{1051} = \frac{852000}{1051} = 811 \ \text{Gramm}.$$

Berechnung von $S.\,q.\,A.\ x$, $S.\,q.\,A.\ y$ und $S.\,P.\,A.\ xy$.

$$S.\,q.\,A. \ x = Sx^2 - \frac{(Sx)^2}{n} = \left\{1 \times 1^2 + 12 \times 2^2 + 63 \times 3^2 + \cdots 2 \times 14^2\right\} - \frac{6565^2}{1051}$$
$$= 4195{,}18$$

$$S.\,q.\,A. \ y = Sy^2 - \frac{(Sy)^2}{n} = \left\{2 \times 200^2 + 7 \times 300^2 + 12 \times 400^2 + \cdots 2 \times 1400^2\right\}$$
$$- \frac{852000^2}{1051} = 32520647$$

$$S.\,P.\,A. \ xy = Sxy - \frac{Sx \times Sy}{n} = \left\{1 \times 200 \times 1 + 1 \times 300 \times 2 + \cdots 1 \times 1100 \times 14\right\}$$
$$- \frac{6565 \times 852000}{1051} = 53840$$

Berechnung der Standardabweichungen σ_x und σ_y.

$$\sigma_x = \sqrt{\frac{S.\,q.\,A. \ x}{n-1}} = \sqrt{\frac{4195{,}18}{1051}} = 2{,}0\,,$$

$$\sigma_y = \sqrt{\frac{S.\,q.\,A. \ y}{n-1}} = \sqrt{\frac{32520647}{1050}} = 176.$$

$$\textit{Berechnung von } r, \sigma_r \textit{ und } t_r.$$

$$r = \frac{\text{S. P. A. } xy}{\sqrt{\text{S. q. A. } x \times \text{S. q. A. } y}} = 0{,}146 \,, \qquad \sigma_r = \sqrt{\frac{1 - r^2}{n - 1}} = 0{,}0305 \,,$$

$$t_r = \frac{0{,}146}{0{,}0305} = 4{,}79^{++}.$$

Anmerkung. t-Grenzwert für $n = \infty$ und $P_{0{,}01}$ ist $2{,}57582$

zur Kontrolle $r = \sqrt{b_{xy} \; x \; b_x}$.

$$\textit{Berechnung von } b_{xy}, \; b_{yx}, \; \sigma_{bxy}, \; \sigma_{byx}, \; t_{b_{xy}} \textit{ und } t_{b_{yx}}.$$

$$b_{xy} = \frac{\text{S. P. A. } xy}{\text{S. q. A. } y} = 0{,}0016557 \,,$$

$$\sigma_{bxy} = \frac{\sqrt{\text{S. q. A. } x - \dfrac{(\text{S. P. A. } xy)^2}{\text{S. q. A. } y}}}{(n - 2)\ \text{S. q. A. } y} = 0{,}000347 \,, \quad t_{bxy} = 4{,}77^{++},$$

$$b_{yx} = \frac{\text{S. P. A. } xy}{\text{S. q. A. } x} = 12{,}833 \,,$$

$$\sigma_{byx} = \frac{\sqrt{\text{S. q. A. } y - \dfrac{(\text{S. P. A. } xy)^2}{\text{S. q. A. } x}}}{(n - 2)\ \text{S. q. A. } x} = 2{,}69 \,, \qquad t_{byx} = 4{,}77^{++}.$$

$$\textit{Berechnung der partiellen Standardabweichungen } \sigma_{yx} \textit{ und } \sigma_{xy}.$$

$$\sigma_{xy} = \sqrt{(1 - r^2)} \times \sigma_x^2 = 1{,}97 \,, \qquad \sigma_{yx} = \sqrt{(1 - r^2)} \; x \, \sigma_y^2 = 174 \,.$$

Partielle Mittelwerte				Korrigierte partielle Mittelwerte			
x	y_p	y	x_p	x	y_n	y	x_n
1	200	100	—	1	267	100	—
2	700	200	3,5	2	754	200	4,5
3	768	300	5,0	3	802	300	5,8
4	770	400	6,2	4	799	400	6,9
5	801	500	6,1	5	817	500	6,6
6	829	600	5,7	6	832	600	6,1
7	818	700	6,1	7	809	700	6,3
8	814	800	6,2	8	792	800	6,2
9	846	900	6,2	9	811	900	6,1
10	828	1000	6,4	10	780	1000	6,2
11	856	1100	7,3	11	795	1100	6,8
12	825	1200	7,1	12	751	1200	6,4
13	900	1300	6,9	13	814	1300	6,1
14	1050	1400	7,5	14	951	1400	6,5

XII. Die Kovarianz-Methode.

Definition. Die Analyse der Kovarianz ist ein Name für die Technik des
Prüfens der Homogenität eines Zahlenmaterials, das Beziehung hat zu zwei Veränderlichen (Variabeln), zwischen denen ein gewisser Zusammenhang (Korrelation)
besteht. Der Name Kovarianz ist eine Zusammenfügung von *Korrelations*-
rechnung und *Varianz*analyse. Zur Einführung das Folgende:

Wenn man z. B. die Erträge eines Pflanzenabstands-Versuchsfeldes beurteilt, wird man sich in der Regel begnügen mit dem Vergleich und der statistischen Auswertung der Erträge je Versuchsbeet. Denjenigen Pflanzenabstand, der den größten mittleren Ertrag liefert, wird man für den besten halten. Wenn man das Zahlenmaterial in dieser Weise beurteilt, rechnet man nicht damit, daß für jeden Pflanzenabstand eine andere Pflanzenanzahl je Versuchsbeet geerntet wurde. Daß bei verschiedenen Pflanzenabständen verschiedene Erträge erreicht werden können, ist daher bereits mehr oder weniger einsichtig, weil die Anzahl der Pflanzen variierte. Der Vergleich der Erträge je Versuchsbeet ist also nicht ganz exakt, denn es ist ohne weiteres deutlich, daß die Anzahl der Pflanzen je Versuchsbeet Einfluß auf den Ertrag hat. Es ist jetzt möglich, mit Hilfe der Kovarianz-Analyse zu untersuchen, ob tatsächlich an einen bedeutenden Einfluß der Anzahl der Pflanzen auf den Ertrag gedacht werden muß. Wenn sich dieser Einfluß deutlich nachweisen läßt, ist es möglich, eine Korrektur vorzunehmen, also den Ertrag zu korrigieren mit der Anzahl Pflanzen, wodurch der Vergleich der mittleren Erträge exakter wird. Wenn wir also von einer deutlichen (gesicherten) Regression des Merkmals Ertrag (y) gegenüber dem Merkmal Pflanzenabstand (x) sprechen können, dann können wir y mit x korrigieren. Die Anzahl der Pflanzen wird als unabhängige Veränderliche bezeichnet, der Ertrag als die abhängige Veränderliche, weil der Ertrag abhängt von der Anzahl der Pflanzen. Wie im vorhergehenden Kapitel dargelegt wurde, wird die Regression berechnet nach $b_{yx} = \dfrac{\text{S.P.A.}\,xy}{\text{S.q.A.}\,x}$.

Nicht nur im oben dargestellten Beispiel kann die Kovarianz-Berechnung angewendet werden, sondern auch, wenn man z. B. die Anzahl der ausgefallenen Pflanzen je Versuchsbeet in Rechnung stellen will. Meist geht man in einem derartigen Fall nach einer sehr einfachen Methode vor: man bestimmt nämlich je Versuchsbeet den mittleren Ertrag je Pflanze, multipliziert dies mit der Anzahl der ausgefallenen Pflanzen und addiert diesen Betrag zu dem Ertrag der geernteten Pflanzen. Wenn nun nur einzelne Pflanzen ausgefallen sind, macht man mit dieser Art der Berechnung keinen großen Fehler (man wird auch keine großen Fehler machen, wenn man in einem derartigen Fall die Korrektur nicht anbringt), aber wenn verhältnismäßig viele Pflanzen ausgefallen sind, können diese Fehler bedeutend werden. Beim Anbringen der genannten einfachen Korrektur berücksichtigt man nämlich nicht, daß durch den Ausfall von Pflanzen die übrigen mehr Platz (Licht, Luft, Nährstoffe) erhalten haben und daher unter anderen Bedingungen gewachsen sind als bei der Planung des Versuches beabsichtigt war. Der mittlere Ertrag der geernteten Pflanzen wird daher größer sein als dies der Fall wäre, wenn keine Pflanzen ausgefallen wären. Der berechnete Gesamtertrag je Versuchsbeet ist also zu hoch, wodurch die Beurteilung des Zahlenmaterials nicht genau ist. Im wesentlichen kommt die Beurteilung der Notwendigkeit des Anbringens einer Korrektur bei Pflanzenabstands-Versuchen auf das soeben Gesagte hinaus. So sind viele Faktoren zu nennen, bei denen die Kovarianz-Methode von Nutzen sein kann. Wir nennen u. a. noch die Faktoren Saatzeit und Frühreife, weil dies einige systematische Faktoren sind, mit denen man oft zu tun hat.

Zum Schluß kann die Kovarianz-Methode im folgenden Fall bedeutenden Nutzen erweisen: wie im Kapitel „Blanko-Versuche" dargelegt wurde, ist es erwünscht, vor der Analyse eines Versuchsfeldes an Hand der Ergebnisse eines Blanko-Versuches zu beurteilen, ob das Versuchsgelände genügend homogen ist. Meist hat man keine Gelegenheit, einen Blanko-Versuch durchzuführen, aber man bemerkt bei der Kontrolle oder bei der Berechnung, daß gesicherte Bodenunterschiede vorhanden sein können. Es ist dann noch möglich, das Gelände hierauf näher zu untersuchen, indem man nach der Ernte des „gewöhnlichen" Versuches noch einen Blanko-Versuch ansetzt. Die Erträge des Blanko-Versuches können dann mit dem Zahlenmaterial des „gewöhnlichen" Versuchsfeldes in einer Kovarianz-Berechnung zusammengefaßt werden, wobei man untersuchen kann, ob es notwendig ist bei dem Zahlenmaterial des „gewöhnlichen" Versuches mit Hilfe der Ergebnisse des Blanko-Versuches eine Korrektur anzubringen. Man muß sich dabei aber fragen, durch welchen Faktor im besonderen die abnorme Variabilität des „gewöhnlichen" Versuches verursacht wurde. Wie im folgenden Kapitel dargelegt werden wird, können viele Faktoren, die zusammen den Faktor „Boden" ausmachen, eine Rolle spielen.

Nach dieser Einleitung wollen wir die Kovarianz-Analyse an Hand eines praktischen Beispieles erläutern.

Die Beziehung zwischen zwei Merkmalen (Veränderlichen) kann geradlinig sein oder durch eine gekrümmte Linie dargestellt werden. Nachstehend wird ein Fall behandelt, wobei angenommen wurde, daß eine geradlinige Beziehung besteht zwischen dem Ertrag des Versuchsbeetes einerseits und der Anzahl der geernteten Pflanzen andererseits. Für diesen einfachen Fall durfte diese Annahme gemacht werden. Es muß aber sofort darauf hingewiesen werden, daß im allgemeinen eine derartige Abhängigkeit durch eine gekrümmte Linie dargestellt wird. Es geht uns aber in erster Linie darum, die anzuwendende Methode zu lernen, für den Fall, daß man es mit einfachen Versuchsfeldern mit 1 oder 2 systematischen Faktoren zu tun hat.

Das hier ausgearbeitete Beisp. (s. Anhang zu diesem Kap.) bezieht sich auf einen einfachen Versuch mit Sojabohnen. Die Sojarasse J 238 wurde bei drei Pflanzenabständen verglichen, 20×20 cm (1 Samen je Pflanzloch) und 40×40 cm (1 bzw. 3 Samen je Pflanzloch). Die Anzahl der geernteten Pflanzen und der Ertrag je Versuchsbeet wurde protokolliert (Tab. 1a u. 1b). Der Ertrag ist das Merkmal y, die Anzahl Pflanzen ist das Merkmal x. Bei der Auswertung von ausgedehnteren Versuchen ist es zu empfehlen, graphische Darstellungen und „Punktkarten" anzufertigen. Das Zahlenmaterial wurde nach der bekannten Art der Varianzanalyse ausgewertet. Aus der Endanalyse (Tab 2a u. 2b) folgt, daß die Unterschiede in der Anzahl der Pflanzen gut gesichert und die Ertragsunterschiede gesichert sind. Um zu untersuchen, ob irgendeine Beziehung zwischen beiden Merkmalen besteht, ist es notwendig, den Korrelationskoeffizienten zu berechnen. Die Tab. 3, 4 und 5 geben die „vorbereitenden" Berechnungen. Es ist möglich, verschiedene Korrelationskoeffizienten zu berechnen, und zwar so viele, wie Faktoren im Versuchsfeld vorhanden waren. Für unseren Zweck sind die Korrelationskoeffizienten für Pflanzenabstand und Zufall die wichtigsten, und zwar besonders der r_{Zufall}, denn dieser muß als der beste Maßstab für die Beurteilung angesehen werden. In unserem Fall zeigt es sich, daß eine enge Beziehung besteht zwischen der Anzahl Pflanzen und dem Ertrag ($t_r = 9{,}28^{++}$). Inwieweit der Ertrag beeinflußt wird durch die Anzahl der Pflanzen, wird angegeben durch den Wert des Regressionskoeffizienten b_{yx}. Tab. 7 gibt die Werte der Regressionskoeffizienten. Tatsächlich hängt der Ertrag gut gesichert ab von der Anzahl Pflanzen. Dies ist bereits ein genügender Grund, den Ertrag zu korrigieren mit der Anzahl der Pflanzen (Tab. 8a u. 8b). Die Korrektur wird angebracht mit Hilfe der Formel, die im vorigen Kapitel zur Sprache kam. Wenn man die Zahlen der Tab. 9a u. 9b vergleicht, so fällt als erstes auf, daß der mittlere Fehler des Versuchs nach der Korrektur einen viel geringeren Wert hat als der, der aus dem ursprünglichen Zahlenmaterial berechnet wurde. Das Zahlenmaterial ist stärker homogen geworden. Durch das Anbringen der Korrektur sind die Fehler, die mit dem ursprünglichen Zahlenmaterial verbunden waren, verkleinert. Weiter fällt auf, daß die Zahlen der Tab. 8a u. 8b einen gerade entgegengesetzten Verlauf zeigen, verglichen mit den Zahlen der Tab. 1a und 1b. Dies zeigt an, daß der Fall nicht so einfach liegt, wie zunächst gedacht werden konnte. Anscheinend macht die Anzahl der Pflanzen in zwei Arten ihren Einfluß bemerkbar: 1. direkt auf den Ertrag, und 2. indirekt über die Art des Pflanzens auf den Mittelwert des Ertrages. Wie nachstehend gezeigt wird, kann dasselbe auf anderem Weg gefolgert werden. Die Methode, wie sie oben auseinandergesetzt wurde, ist noch verhältnismäßig umständlich. Vor allem, wenn das Versuchsfeld viele Beete umfaßt, muß viel Rechenarbeit ausgeführt werden.

Die eigentliche Kovarianz-Analyse führt schneller zu einem Ergebnis. Ausgangspunkt für die Berechnungen sind die Quadratsummen der Abweichungen und die Produktsummen der Abweichungen (Tab. 5). Auch bei der Kovarianz-Analyse ist der Zufallsfaktor wieder der beste Maßstab für die Beurteilung. Eine Auseinandersetzung über das Wie und Warum der Werte der Spalten 3, 4 und 6 würde hier zu weit auf theoretisches Gebiet führen, wir müssen uns begnügen mit einer kurzen Besprechung der anzuwendenden Rechenmethode. Es geht bei der Kovarianz-Analyse um die Berechnung der sogenannten linearen Regressionskomponente (l. R. K.), der reduzierten Varianz und der Restvarianz. Wie diese Ausdrücke berechnet werden, ist in Tab. 10 angegeben. Aus dem Wert F-ber. = 89,95++ (Spalte 7) kann die Folgerung gezogen werden, daß die Anzahl der Pflanzen den Ertrag bedeutend beeinflußt, d. h. also dieselbe Folgerung, die oben aus dem Wert von $t_{b_{yx}}$ = 9,28++. Es ist also notwendig, eine Korrektur anzubringen, wenn man einen genaueren Vergleich des Zahlenmaterials durchführen will. Der Wert F-ber. = 18,86+ (Spalte 7 unten) gibt an, daß nach dem Anbringen der Korrektur gesicherte Unterschiede zwischen den Pflanzenabstand-Mittelwerten bestehen werden. Daß die Annahme, die Abhängigkeit zwischen Pflanzenzahl und Ertrag je Versuchsbeet geradlinig sein würde, nicht richtig ist, wird angegeben durch das Verhältnis der reduzierten Varianz für Pflanzenabstände und Zufall. Dieses Verhältnis ist $\frac{31\,995,84}{1679,76} = 19{,}0^{+}$.

Die Reduktion ist hier zu weit gegangen, die Mittelwerte werden nach der Korrektur einen entgegengesetzten Verlauf nehmen (diese Erwartung stimmt überein mit der Wirklichkeit). Hier kommen wir also zur gleichen Schlußfolgerung wie oben: anscheinend ist der Ertrag nicht allein abhängig von der Anzahl der Pflanzen, sondern die Anzahl der Pflanzen übt über die Art des Pflanzens einen Einfluß aus auf das Ertragsmittel. Die Kovarianz-Analyse gibt also mehr Ergebnisse als die ausschließliche Berechnung der Regressionskoeffizienten. Die

Mittelwerte der Erträge können jetzt korrigiert werden mit der Anzahl der Pflanzen. Dies geschieht mit Hilfe einer ähnlichen Formel, wie oben genannt wurde (Tab. 11). Die korrigierten Mittelwerte können jetzt auf ihre Zuverlässigkeit hin geprüft werden, wie in Tab. 12 angegeben ist. Der Unterschied zwischen Pflanzenabstand II und III zeigt sich jetzt als unbedeutend. Wenn man also die Anzahl Pflanzen in Rechnung setzt, macht es anscheinend nicht viel aus, ob 1 oder 3 Samen je Pflanzloch ausgelegt werden. Daß das Ergebnis der Berechnungen nach Tab. 12 nicht gleichlautend ist mit den Folgerungen aus den Tab. 9a u. 9b, muß darin gesucht werden, daß bei den Berechnungen nach Tab. 12 für jede Differenz die zugehörige Standardabweichung berechnet wird, während bei der Varianzanalyse eine einzige Standardabweichung berechnet wird, mit der alle Differenzen geprüft werden.

Anhang zu Kap. XII.

Beispiel für eine einfache Kovarianzberechnung.

Soja-Rasse J 238 bei 3 Pflanzenabständen

Pflanzabstand   I = 20 × 20 cm   1 Samen je Pflanzloch
                     II = 40 × 40 cm   1 Samen je Pflanzloch
                    III = 40 × 40 cm   3 Samen je Pflanzloch

Tabelle 1a. *Anzahl der Pflanzen (x).*
Unabhängige Veränderliche.

Pflanz-abstand	Wiederholung a	b	c	Summe	$\bar{x}$
I	162	190	189	541	180,3
II	38	36	50	124	41,3
III	140	150	100	390	130,0
Summe	340	376	339	1055 $= Sx$	117,2 $= \bar{\bar{x}}$

Tabelle 1b. *Ertrag in Gramm (y).*
Abhängige Veränderliche.

Pflanz-abstand	Wiederholung a	b	c	Summe	$\bar{y}$
I	1175	1375	1370	3920	1306,7
II	585	565	770	1920	640,0
III	1280	1385	915	3580	1193,3
Summe	3040	3325	3055	9420 $= Sy$	1046,7 $= \bar{\bar{y}}$

Tabelle 2a. *Endanalyse x.*

Variationsursache	S. q. A. x	F. G.	Varianz	F-ber.
Total	31 735,6	8		
Zwischenklassen . .	296,3	2	148,2	0,03
Binnenklassen . . .	31 439,3	6	5 239,9	
Zwischen Pflanz-abstand	29 716,3	2	14 858,2	34,49++
Pflanzabstand × Wiederholung (Zufall)	1 723,0	4	430,8	

$V^+ = 142$; $V^{++} = 234$; mittlerer Fehler des Versuchs = 5,9 %.

Tabelle 2b. *Endanalyse y.*

Variationsursache	S. q. A. y	F. G.	Varianz	F-ber.
Total	936 750,0	8		
Zwischenklassen . .	17 150,0	2	8 575,0	0,06
Binnenklassen . . .	919 600,0	6	153 266,7	
Zwischen Pflanz- abstand	763 466,7	2	381 733,4	9,79+
Pflanzabstand $\times$ Wiederholung (Zufall)	156 133,3	4	39 033,3	

$V^+ = 1355$; $V^{++} = 2226$; mittlerer Fehler des Versuchs $= 6,3\,\%$

Tabelle 3. *Summe der Produkte* (S. P.).

S. P. xy total $= 162 \times 1175 + \cdots 100 \times 915 = 1270050$

„ xy-Klassen $= 340 \times 3040 + \cdots 339 \times 3055 = 3319445$

„ xy-Pflanzabstand $= 541 \times 3920 + \cdots 390 \times 3580 = 3755000$

Tabelle 4. *Summen der Produkte der Abweichungen* (S. P. A.).

K. f. $=$ Korrektionsfaktor

$$= \frac{Sx \times Sy}{n} = \frac{1055 \times 9420}{9} = 1104233,3$$

S. P. A. total $= 1270050 - $ K. f. $= 165816,7$

„ Zwischenklassen $= \dfrac{3319445}{3} - $ K. f. $= 2248,4$

„ Binnenklassen $= 165816,7 - 2248,4 = 163568,3$

„ zwischen Pflanzabständen $= \dfrac{2755000,0}{3} - $ K. f. $= 147433,4$

„ Pflanzabstand $\times$ Wiederholung (Zufall) $= 163568,3 - 147433,4 = 16134,9$

Tabelle 5.

Zusammenfassung für die Berechnung von Korrelations- und Regressionskoeffizienten.

Variationsursache	S. q. A. x	S. q. A. y	S. P. A. xy	F. G. $n-2$
Total	31 735,6	936 750,0	165 816,7	7
Wiederholungen . .	296,3	17 150,0	2 248,4	1
Pflanzabstände . . .	29 716,3	763 466,7	147 433,4	1
Zufall	1 723,0	156 133,3	16 134,9	3

Tabelle 6.

Berechnung der Korrelationskoeffizienten und Beurteilung ihrer Sicherung.

$$r = \frac{\text{S. P. A. } xy}{\text{S. q. A. } x \times \text{S. q. A. } y} \qquad \sigma_r = \sqrt{\frac{1 - r^2}{n - 2}} \qquad t_r = \frac{r}{\sigma_r} \qquad t\text{-Grenzwert } P\ 0,01$$

$r_{total} = 0,9617$	$\sigma_r = 0,1036$	$t_r = 9,28^{++}$	3,499
$r_{Wiederh.} = 0,9974$	$\sigma_r = 0,0726$	$t_r = 13,85^{-}$	63,657
$r_{Pfl.abst.} = 0,9788$	$\sigma_r = 0,2082$	$t_r = 4,78^{-}$	63,657
$r_{Zufall} = 0,9837$	$\sigma_r = 0,1039$	$t_r = 9,48^{++}$	5,841

Tabelle 7. *Berechnung der Regressionskoeffizienten, Beurteilung ihrer Sicherung.*

$$b_{yx} = \frac{\text{S. P. A. } xy}{\text{S. q. A. } x} \qquad \sigma_{byx} = \sqrt{\frac{\text{S. q. A. } y - \dfrac{(\text{S. P. A. } xy)^2}{\text{S. q. A. } x}}{(n-2) \times \text{S. q. A. } x}} \qquad t_{byx} = \frac{b_{yx}}{\sigma_{byx}}$$

$$b_{xy} = \frac{\text{S. P. A. } xy}{\text{S. q. A. } y} \qquad \sigma_{bxy} = \sqrt{\frac{\text{S. q. A. } x - \dfrac{(\text{S. P. A. } xy)^2}{\text{S. q. A. } y}}{(n-2) \times \text{S. q. A. } y}} \qquad t_{bxy} = \frac{b_{xy}}{\sigma_{bxy}}$$

Variationsursache	$n-2$	b_{xy}	σ_{bxy}	t_{bxy}	b_{yx}	σ_{byx}	t_{byx}	t-Grenzw. $P = 0,01$
Total	7	0,17701	0,0191	9,28[++]	5,22494	0,563	9,28[++]	3,499
Pflanzabstand .	1	0,19311	0,0404	4,78[-]	4,96136	1,037	4,78[-]	63,657
Zufall	3	0,10334	0,0109	9,49[++]	9,36440	0,987	9,48[++]	5,841

Tabelle 8a. *Korrigierte Anzahl der Pflanzen.*

Berechnet nach der Formel: $x_{korrigiert} = x_{gefunden} - b_{xy_{(Zufall)}} \times x\,(y_{gefunden} - \bar{\bar{y}})$

Pflanz-abstand	Wiederholung			Summe
	a	b	c	
I	148,837	156,070	155,587	460,395
II	85,709	85,775	78,591	250,075
III	115,887	115,037	113,606	344,530
Summe	350,334	356,882	347,784	1055,000

Tabelle 8b. *Korrigierte Erträge.*

Berechnet nach der Formel: $y_{korrigiert} = y_{gefunden} - b_{yx_{(Zufall)}} \times x\,(x_{gefunden} - \bar{\bar{x}})$

Pflanz-abstand	Wiederholung			Summe
	a	b	c	
I	755,683	693,480	697,844	2147,007
II	1326,869	1325,597	1399,496	4051,962
III	1066,700	1078,056	1076,275	3221,031
Summe	3149,252	3097,133	3173,615	9420,000

Tabelle 9a. *Endanalyse x.*

Variationsursache	S. q. A. x	F. G.	Varianz	F-ber.
Total	7468,2	7		
Zwischenklassen . . .	14,7	2	7,35	$\ll 1$
Binnenklassen	7453,5	5	1490,7	
Zwischen Pflanz-abstand	7397,9	2	3699,0	199,6[++]
Zufall	55,6	3	18,53	

$V^+ = 29,\quad V^{++} = 49;$ mittlerer Fehler des Versuchs $= 1,2\,\%$

Tabelle 9b. *Endanalyse y.*

Variationsursache	S. q. A. y	F. G.	Varianz	F-ber.
Total	614155	7		
Zwischenklassen . .	1018	2	509,0	< 1
Binnenklassen . . .	613137	5	122627,4	
Zwischen Pflanz-abstand	608092	2	304046,0	180,76[++]
Zufall	5045	3	1681,7	

$V^+ = 272,\quad V^{++} = 462;$ mittlerer Fehler des Versuchs $= 1,3\,\%$

Tabelle 10. *Kovarianzanalyse.*

Spalte	1	2	3	4	5	6	7	8	
Variations-ursache	$n-1$	b_{yx}	lineare Regressionskomponente (l. r. K.) $= \dfrac{(\text{S. P. A. } xy)^2}{\text{S. q. A. } x}$	$\text{S. q. A. } y - \dfrac{(\text{S. P. A. } xy)^2}{\text{S. q. A. } x}$	$n-2$	reduzierte Varianz[1] (red. Var.)	F-berechnet $= \dfrac{\text{l. r. K.}}{\text{red. Var.}}$	F-Grenzwert 95 %	99 %
Pfl.abstd. + Zufall	6	5,2028	850 991,87	68 608,13	5	13 721,63	62,02	6,61	16,26
Pfl.abstd.	2	4,9614	731 470,86	31 995,84	1	31 995,84	22,86	161	4025
Zufall . .	4	9,3644	151 094,02	5 039,28	3	1 679,96	89,95	10,13	34,12
Restvarianz				31 573,01 $= 68 608,13 - (31 995,84 + 5039,28)$	1	31 573,01	18,86 $= \dfrac{31 573,01}{1679,76}$	10,13	34,12

$$\text{Beurteilung der Art der Regression:} \quad \frac{31995,84}{1679,96} = 19,05^{+} \qquad {}^{1}\,\text{red. Var.} = \frac{\text{S. q. A. } y - \dfrac{(\text{S. P. A. } xy)^2}{\text{S. q. A. } x}}{n-2}$$

Tabelle 11. *Berechnung der korrigierten mittleren Erträge.*

$$\bar{y}_{korrigiert} = \bar{y}_{gefunden} - b_{yx_{(Zufall)}} \times x \left(\bar{x}_{gefunden} - \bar{\bar{x}} \right)$$

$$y_{\text{I } korrigiert} = 715,81$$
$$y_{\text{II } korrigiert} = 1350,76$$
$$y_{\text{III } korrigiert} = 1073,76$$

Tabelle 12. *Beurteilung der Sicherung der korrigierten mittleren Erträge.*

$$\sigma_v = \sqrt{E \left(\frac{2}{n} + \frac{v^2_{\bar{x}}}{\text{S. q. A. } x_{Zufall}} \right)}$$

E = reduzierte Varianz für „Zufall",
n = Anzahl der Einheiten, aus denen ein Mittelwert zusammengestellt ist,
$v_{\bar{x}}$ = Differenz zwischen zwei beobachteten Mittelwerten der Pflanzenanzahlen,
S. q. A. x_{Zufall} = Summe der quadratischen Abweichungen (Tab. 2a).

					t-Grenzwert 95 %	99 %
Differenz zwischen $\bar{y}_{\text{I } korr.}$ und $\bar{y}_{\text{II } k.}$ ist 634,95	$\sigma_v = 140,2$	$t_v = 4,53^{+}$	3,182	5,841		
Differenz zwischen $\bar{y}_{\text{I } korr.}$ und $\bar{y}_{\text{III } k.}$ ist 357,63	$\sigma_v = 59,96$	$t_v = 5,97^{++}$	3,182	5,841		
Differenz zwischen $\bar{y}_{\text{II } korr.}$ und $\bar{y}_{\text{III } k.}$ ist 277,32	$\sigma_v = 93,82$	$t_v = 2,96^{-}$	3,182	5,841		

XIII. Versuchsfeldtechnik.

In diesem Kapitel wollen wir die Versuchsfeldtechnik betrachten im Hinblick auf die wichtigsten Faktoren, womit man es in der Praxis zu tun haben kann.

Die Versuchsfeldtechnik umfaßt zuerst die Planung des Versuchsschemas. Der Untersucher schlägt das Problem vor, und insofern er nicht selbst sachkundig ist, wird er bei dem Versuchstechniker Auskünfte einholen über eine Planung, die so wirtschaftlich wie möglich ist. Unter einer so wirtschaftlich wie möglichen Planung hat man zu verstehen, daß die Versuche so einfach wie möglich gehalten werden müssen, während soviel wie möglich Ergebnisse dabei herauskommen müssen. Der Versuchstechniker muß Angaben machen können über die Anzahl Parallelen, die Anzahl „Behandlungen" (wenn nötig, aufzuspalten in verschiedene Gruppen von Behandlungen), Einteilung des Versuchsfeldes, Isolationsstreifen usw., kurze Beratung bei der Ausführung. Nach Ablauf des Versuchs können Ratschläge gegeben werden über die statistische Auswertung der Ergebnisse. Vielfach ist es notwendig, den Versuch mehrere Jahre zu wiederholen, wonach eine Auswertung des erhaltenen Zahlenmaterials über mehrere Jahre möglich wird. Hiernach können als Endergebnis durch den Versuchsansteller Ratschläge an die Praxis gegeben werden. Die Planung der Versuche ist ein Faktor von allergrößter Bedeutung. Bereits verhältnismäßig kleine Fehler in der Planung können die Arbeit eines ganzen Jahres zunichte machen. Auf dem Papier sehen die meisten Versuche sich sehr einfach an, bei der Ausführung (und insbesondere bei der Anlage) kommen die Schwierigkeiten. Man muß sich bei der Planung zuerst gut klarmachen, welches Ergebnis man von dem Versuch erwartet und inwieweit man dies Ergebnis gesichert feststellen können wird. Je größer die zu erwartenden Unterschiede zwischen den „Behandlungen" sein werden, um so weniger Parallelen brauchen angelegt zu werden, da große Unterschiede bei der statistischen Auswertung einen großen Wert für die Varianz und einen großen Wert für die berechneten F-Werte ergeben (wenigstens wenn die Varianz für „*Zufall*" übereinstimmend mit den Erwartungen klein ist). Den durch die Theorie gestellten Anforderungen für die Sicherung der berechneten F-Werte wird dann sicher Genüge getan. Vermutet man dagegen, daß die Unterschiede, die durch die verschiedene Behandlung verursacht werden, klein sein werden, dann muß man, um diese Differenzen gesichert nachweisen zu können, meist in der Planung mehr als 4 Parallelen vorsehen.

Dann muß man bei der Planung damit rechnen, daß aus Versuchen mit 2 oder mehr systematischen Faktoren immer mehr Ergebnisse erhalten werden können als aus Versuchen, in denen nur die Wirkung eines einzigen systematischen Faktors untersucht wird. Wenn 2 oder 3 systematische Faktoren im gleichen Versuch untersucht werden, dann ist es möglich, daß man gesicherten Korrelationen auf die Spur kommt. Das Aufzeigen gesicherter Korrelationen ist oft wichtiger als das Aufzeigen von gesicherten Differenzen zwischen den Hauptfaktoren. Wenn man die Versuche statistisch nach der Varianzanalyse auswerten will, dann ist es notwendig, eine orthogonale Anordnung zu wählen. Dies schließt ein, daß das Versuchsschema rechteckig ist. Wünscht man z. B. einen Rassen-Düngungs-Versuch zu machen, dann muß die Anordnung so sein, daß alle Rassen bei der gleichen Anzahl von Düngungsstufen verglichen werden und z. B. nicht die Rasse A bei 3 und die Rasse B bei 4 Düngungsstufen.

Alle in den vorhergehenden Kapiteln ausgewerteten Versuche waren Beispiele für eine orthogonale Planung. Wenn möglich, gibt man dem Versuchsfeld eine quadratische Form, ebenso den einzelnen Beeten. Wo die quadratische Form des gesamten Versuchsfeldes nicht möglich ist, nähere man sich dieser Form soweit wie möglich. Die Form der einzelnen Versuchsbeete muß ebenfalls, wenn nur irgendwie möglich, rechteckig gehalten werden. Es ist weiter zu empfehlen, das Schema so einzurichten, daß es bei der statistischen Auswertung möglich ist, die Parallelen-(Wiederholungs-)Richtung auf zwei Arten zu wählen (vgl. Kap. IX). Zum ersten hat man dann den Vorteil, daß immer noch ein geeignetes Versuchsfeld übrigbleibt, wenn durch besondere Verhältnisse ein Teil des Versuchsfeldes ungeeignet wird für die richtige Beurteilung der Versuchsergebnisse. Zum zweiten kann man bei der statistischen Auswertung die Blockrichtung wählen, die die größte Blockvarianz ergibt. Die Vorteile hiervon wurden bereits früher besprochen. Es ist unnötig, zu sagen, daß das Versuchsfeldschema mindestens doppelt angefertigt wird. Ein Exemplar kann für das Archiv bestimmt werden, das andere zum Gebrauch bei der Kontrolle während der Dauer des Versuchs.

Man kann erst dann zur Anlage des Versuchsfeldes übergehen, wenn feststeht, daß das Gelände keine bedeutenden Fruchtbarkeitsunterschiede aufweist. Dies stellt man wenn möglich fest durch einen Blanko-Versuch. In einen guten Blanko-Versuch muß man nicht nur das Gewächs, sondern auch den Boden einbeziehen. Am gleichmäßigen Stand des Gewächses beurteilt man nach dem Augenschein, ob das Gelände genügend homogen ist. Mit Hilfe der Analyse von Bodenproben kann man sich ein Urteil bilden über die „innere" Homogenität des Bodens. Hierzu muß von jedem zukünftigen Versuchsbeet mindestens 1 Mischmuster untersucht werden[1].

Aus dem Vorstehenden ergibt sich, daß man bereits ein Jahr vor der Anlage des eigentlichen Versuchsfeldes Blankobestimmungen ausführen muß. Die Ausführung von Blanko-Versuchen wird noch sehr wenig angewendet, für die Planung von guten Versuchen sind sie dagegen unentbehrlich (vgl. auch das im Kap. XII Besprochene). Das Versuchsfeld darf natürlich nicht zu dicht an einem Weg, Graben, Baumreihe u. ä. gelegen sein. Bei der Anlage steckt man am besten zuerst die Ecken des Feldes ab. Danach teilt man die Parallelen (Wiederholungen, Blocks) ein, danach jeden Block in Untergruppen usw. Die Parallelen werden durch einen ziemlich breiten Weg getrennt, z. B.

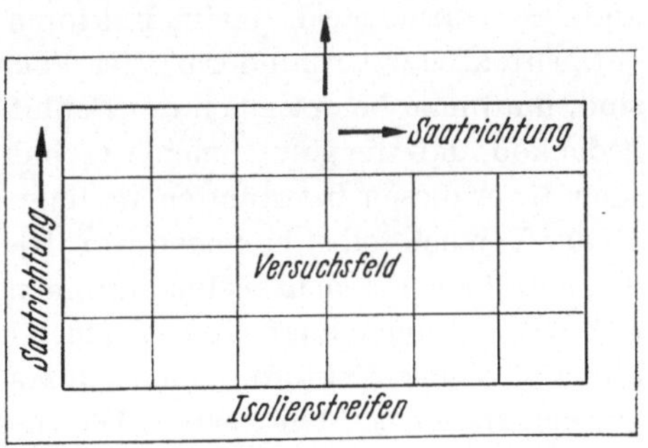

Abb. 14.

50 oder 60 cm, die Untergruppen durch schmalere Wege usw. Wenn das Gelände saatfertig ist, müssen zuerst die beschrifteten Stecketiketten angebracht werden, danach die Tüten mit Saatgut, Düngemitteln oder anderen „Behandlungsfaktoren". Säen, Düngen, Spritzen usw. muß so gleichmäßig wie möglich geschehen. Bei Versuchen, die auf dem Gelände von Praktikern angelegt werden, ist es erwünscht, um Beschädigungen zu vermeiden, das Versuchsfeld mit einem Isolierstreifen zu umgeben, dieser Streifen muß durch abweichende Saat- oder Pflanzrichtung auffallen (Abb. 14).

Die Kontrolle des Versuchsfeldes muß regelmäßig stattfinden. Nicht nur bei sonnigem Wetter, doch auch während oder einige Zeit nach einem Regen muß man kontrollieren. Man findet vor allem nach Regenfällen oft interessante Besonderheiten. Einiges Fotomaterial kann während der Entwicklung des Gewächses gesammelt werden.

---

[1] Vgl. J. J. Post: Over de meest doelmatige wijze van grondmonstername. (Über die zweckmäßigste Art der Entnahme von Bodenproben.) Mededeelingen Dir. van de Tuinbouw 1945.

Alles, dem man einige Bedeutung beilegt, muß im Feldbuch notiert werden. Wenn man Aufzeichnungen über das Wachstum der Pflanzen am Ende des Versuchs statistisch verwerten will, dann müssen die Beobachtungen für jedes Beet gesondert aufgeschrieben werden.

Bei der Ernte ist es meist genügend, wenn die Gewichtsbestimmungen in 1, höchstens 2 Dezimalen genau ausgeführt werden. Bei der statistischen Auswertung werden alle Ergebnisse systematisch geordnet in sog. Versuchsberichten. Mit Hilfe dieser Berichte werden die weiteren Berechnungen gemacht, vorzugsweise nach dem in Kap. III beschriebenen Schema. Man darf alle Zahlen aus den Versuchsberichten um den gleichen Betrag vermehren oder vermindern, ohne daß dies bei der Beurteilung des Versuchs etwas ausmacht.

Man wähle für die Berechnungen wenn möglich die Originalzahlen und nicht Prozentzahlen. Nur wenn Prozentzahlen tatsächlich von 100 (und nicht in Wirklichkeit von 20 oder 30) berechnet werden, kann ihre Verarbeitung zugelassen werden.

Die Berechnungen werden abgeschlossen mit einem kurzen Bericht über die Ergebnisse, dem u. U. einige Vorschläge angefügt werden, die zur Verbesserung der Versuchsplanung für das folgende Jahr führen können. (Mehr Parallelen, anderes Versuchsfeld, mehr Faktoren einschalten, Anzahl der Behandlungen vermehren. oder vermindern.) Bei Versuchen, die nur in einem Jahr ausgeführt sind, muß man beim Ziehen der Schlußfolgerungen sehr vorsichtig sein und muß bedenken, daß die gefundenen Ergebnisse nur gelten für diesen bestimmten Versuch unter diesen bestimmten Bedingungen. Im Bericht muß angegeben werden, ob der Versuch selbst homogen war. Hiermit wird gemeint, ob die Zahlen, die von den einzelnen Versuchsbeeten stammen, vollkommen vergleichbar sind. So findet sich z.B. bei einem Saatzeiten-Versuch der Fall, daß auf den zuerst besäten Beeten klimatologische Faktoren einen ganz anderen Einfluß gehabt haben werden als auf den später besäten Beeten. Die zuerst besäten Beete können die anderen beschützen gegen Wind usw. So verstecken sich in jedem Versuch Faktoren, die einen systematischen Charakter haben, und mit denen bei der Beurteilung der Ergebnisse gerechnet werden muß.

Die Versuchstechnik beschäftigt sich nicht allein mit der praktischen Seite der versuchstechnischen Fragen, sie untersucht ebenso die Methoden, die für die statistische Auswertung des Zahlenmaterials zur Verfügung stehen. Nur nach einem gründlichen Studium der verschiedenen Methoden kann für jeden Typ von Versuchen diejenige statistische Auswertung empfohlen werden, die die meiste Aussicht für eine richtige Beurteilung des Zahlenmaterials bietet. Die Auswertungsmethoden müssen geprüft werden an Hand von Zahlenmaterial, das aus absichtlich für diesen Zweck angelegten Versuchen stammt.

Im folgenden werden die Faktoren, mit denen man es bei der Planung und Ausführung von Feldversuchen besonders zu tun hat, behandelt. Im Zusammenhang mit dem Zweck dieses Werkes ist es nur möglich, eine allgemeine Übersicht zu geben. Die Faktoren werden weiter in ihrem gegenseitigen Zusammenhang besprochen, während im besonderen darauf eingegangen werden wird, inwieweit die Faktoren einen Einfluß auf die Größe des Versuchsfeldes haben können.

Die Faktoren sind: 1. der Faktor „Boden", 2. der Faktor „Klima", 3. der Faktor „Gewächs", 4. der Faktor „Behandlung".

1. Der Faktor „Boden“.

Inwieweit die Bodenbeschaffenheit Einfluß hat auf die Größe des Versuchsfeldes, ist noch nicht eindeutig festgestellt. Ohne weitere Untersuchung kann jedoch bereits gesagt werden, daß auf gleichmäßigen Böden die Versuchsfelder kleiner sein können als auf Böden, die von Natur aus heterogen sind. Zu den gleichmäßigen, ziemlich homogenen Böden gehören die leichten Böden, wie Dünensandböden (Blumenzwiebelböden), manche ältere Böden auf urbar gemachten Mooren und leichte Sandböden. Bei diesen Böden sind meist ohne große Mühe Gelände zu finden, die in ihrem Aufbau derartig homogen sind, daß sie für die Anlage von guten Versuchsfeldern geeignet sind. Auf schweren Böden ist es schwieriger, ein geeignetes Versuchsfeld zu finden, was durch die Entstehung dieser Böden zu erklären ist.

Eine Untersuchung auf Homogenität des Bodens kann geschehen:

a) Durch eine intensive Musterentnahme von dem zukünftigen Versuchsfeld. Hierzu wird das Gelände, das im kommenden Jahr als Versuchsfeld gebraucht werden soll, in ebenso viele Beete eingeteilt, wie das künftige Versuchsfeld haben soll. Von jedem Beet wird mindestens ein Mischmuster entnommen und analysiert auf den Gehalt an P und K, Ca, p_H, und Humus. Man erhält dann zuerst einen Eindruck von der Variabilität der untersuchten Bestandteile, während man daneben systematisch verlaufende Fruchtbarkeitsunterschiede entdecken kann. Diese Untersuchung ist demnach als ein Blanko-Versuch im Hinblick auf die innere Beschaffenheit des Bodens anzusehen. Man bestimmt hiermit also die innere Homogenität des Bodens. Soweit man aus den wenigen bisher veröffentlichten Untersuchungen schließen kann, kann erwartet werden, daß jedes Element eine eigene Variabilität besitzt. Dort, wo das Grundwasser ziemlich dicht unter der Oberfläche steht, überzeuge man sich davon, ob es überall in der gleichen Tiefe vorkommt.

b) Nach dem Augenschein kann man die Homogenität des Bodens beurteilen am Stand des Gewächses. Gleichmäßiger Stand des Gewächses zeigt einen vermutlich homogenen Boden an. Man darf jedoch dieser Schätzung nicht zuviel Wert beilegen. Besser ist es, nach c) vorzugehen.

c) Man stellt einen Blanko-Versuch an auf dem Gelände, das im kommenden Jahr als Versuchsfeld dienen wird. Das Gelände wird dann bereits in Übereinstimmung mit dem Versuchsfeldschema eingeteilt (Umrisse der Versuchsbeete durch Pflöcke markieren) und der Ertrag eines jeden Beetes gesondert geerntet und gewogen. Die Ertragszahlen werden nach der Varianzanalyse ausgewertet, der mittlere Fehler des Versuchs muß gering sein. Wie groß dieser genau sein muß, ist nicht ohne weiteres zu sagen, das Gewächs spielt dabei eine Rolle, wie bereits im Kapitel Blanko-Versuche zur Sprache kam.

Die Ergebnisse, die man nach a und c findet, müssen genau verglichen werden. Wenn sich aus beiden Reihen von Zahlen ergibt, daß kein gesicherter Fruchtbarkeitsverlauf vorhanden ist, kann man den Schluß ziehen, daß das Gelände als homogen zu bezeichnen ist.

Auf Grund einiger zur Verfügung stehender Ergebnisse kann empfohlen werden, die Anzahl der Parallelen bei Versuchsfeldern auf schwerem Boden größer zu wählen als bei denselben Versuchsfeldern auf leichtem Boden.

2. Der Faktor „Klima".

Inwieweit das *Klima* an sich ein bedeutender Faktor ist, ist nicht bekannt. Es sind aber wohl in Beziehung auf einzelne Faktoren, die zusammen den Faktor „Klima" ausmachen, einige Bemerkungen zu machen. Der Wind kann ein solcher Faktor sein, mit dem man bei der Anlage und Planung von Versuchen rechnen muß. In Gegenden, in denen der Wind den größten Teil des Jahres aus einer bestimmten Richtung weht, muß die Anordnung der Parzellen derartig sein, daß alle Versuchsbeete dem gleichen Einfluß der Windrichtung unterliegen. Vor allem bei Stäube- und Spritz-Versuchen muß man den Einfluß der Windrichtung nicht unterschätzen. Die Versuchsbeete müssen zuerst so groß genommen werden, daß beim Stäuben, bzw. Spritzen, das Mittel nicht durch den Wind auf benachbarte, in anderer Weise behandelte Beete gelangen kann. Weiter müssen die verschiedenen „Behandlungen" so gut wie möglich verstreut werden, was besagen will, daß in jeder Parallele die Reihenfolge der Behandlungen eine andere sein muß. Sorten-Versuche müssen in Gebieten mit vorherrschender Windrichtung so angelegt werden, daß in jeder Parallele die Reihenfolge der Sorten eine andere ist. In windigen Gegenden muß man bei der Planung von Versuchsfeldern an die sehr große Möglichkeit denken, daß ein Teil der Pflanzen umweht. Vor allem bei Pflanzenabstands-Versuchen mit Bohnen kann dies lästig werden.

Durch langdauernden Regen kann ein Teil der Pflanzen verfaulen, vor allem auf weniger durchlässigem Boden. Der Faktor Regen kann die Größe der einzelnen Versuchsbeete beeinflussen.

Schließlich kann das Mikroklima eine Rolle spielen (Nachtfröste).

3. Der Faktor „Gewächs".

Die Ergebnisse von zwei Blanko-Versuchen in verschiedenen Jahren zeigen deutlich, daß jedes Gewächs seine eigene Variabilität besitzt. Die Variabilität des Gewächses bestimmt die Größe des Versuchsfeldes mit. Es ist notwendig, durch Blanko-Versuche festzustellen, wie groß der Koeffizient der Variabilität des Gewächses ist, mit dem man das Versuchsfeld besäen oder bepflanzen will, während man zugleich an Hand desselben Zahlenmaterials berechnen kann, wieviel Pflanzen man insgesamt ernten muß, um sicher zu sein, daß man auch tatsächlich mit diesem Koeffizienten der Variabilität arbeitet. Man berechnet z. B., daß ein bestimmtes Gewächs einen Variabilitäts-Koeffizienten besitzt von 4% und daß dieser Wert berechnet wird durch statistische Verarbeitung von 200 einzelnen Erntegewichten. Das Versuchsfeld wird mit 4 Parallelen angelegt werden. Wenn man je Behandlung 50 Pflanzen erntet, dann wird man, wenn das Versuchsfeld genügend homogen ist, Unterschiede von $1{,}96 \times \sqrt{4^2 + 4^2} = 11\%$ zwischen Summenzahlen gesichert nachweisen können ($1{,}96 = t$ für $n = \infty$ und $P = 0{,}05$).

Selten ist ein Versuchsfeld genügend homogen, so daß dann je Versuchsbeet mehr Pflanzen geerntet werden müssen als durch den Blanko-Versuch angegeben werden. Im Zusammenhang mit der noch zu besprechenden „Randwirkung" müssen in vielen Fällen auf einem Versuchsbeet mehr Pflanzen vorhanden sein als endgültig geerntet werden.

Der Begriff „Randwirkung“ kann wie folgt umschrieben werden: Die Pflanzen, die am Rande eines Versuchsfeldes stehen, sind an einer Seite (auf den Ecken an 2 Seiten) nicht durch Nachbarn umgeben. Diese Randpflanzen haben also die Verfügung über mehr Licht, Luft und Nährstoffe als die übrigen Pflanzen. Bei Düngungsversuchen werden die Randpflanzen vielleicht etwas weniger Düngestoffe erhalten als die übrigen Pflanzen, bei Krankheitsbekämpfungs-Versuchen werden die Randpflanzen weniger durch das Bekämpfungsmittel erreicht usw. Alles dies bewirkt, daß die Randpflanzen unter einigermaßen anderen Umständen wachsen als die übrigen Pflanzen des Versuchsbeetes. Es ist deshalb nicht ganz erlaubt, bei der Bestimmung der Ernte, Befall durch Krankheiten und Beschädigungen usw. die Randpflanzen mitzuzählen. Wenn auch noch keine exakten Ergebnisse über die Randfeldwirkung vorliegen, so kann doch empfohlen werden, bei der Bestimmung der Ernteminderung durch Krankheit oder Insektenbefall usw. die Randpflanzen nicht mitzuzählen. Hiermit muß bereits bei der Planung des Versuches gerechnet werden. Die Möglichkeit des Auftretens einer Randwirkung bewirkt, daß je Versuchsbeet mehr Pflanzen vorhanden sein müssen, als aus einem Blanko-Versuch berechnet werden kann.

Durch das Anlegen eines Isolationsstreifens kann man die Randwirkung ebenfalls ausschalten. Der Isolationsstreifen wird je nach Gewächs und Behandlung in Breite variieren. Bei Spritzversuchen wird man einen breiteren Isolierungsstreifen anbringen müssen als bei Düngungs-Versuchen. Genaue Ergebnisse hierüber fehlen bisher. Es sieht jedoch so aus, als ob bei Düngungs-Versuchen ein Isolierstreifen von 30 cm ungefähr genügt (bei sorgfältigem Ausstreuen bei windstillem Wetter), während bei Spritz-Versuchen ein Isolierstreifen von 1,5 m kaum als genügend angesehen werden kann (Spritz-Versuche bei Obstbäumen stellen noch höhere Ansprüche). Durch das Anbringen von Isolierstreifen versucht man zu verhindern, daß ein Versuchsbeet durch die „Behandlung“ eines benachbarten Beetes Nutzen oder Schaden erleidet. Auf dem Isolierstreifen muß das gleiche Gewächs stehen wie auf dem Versuchsbeet. Es empfiehlt sich, die Pflanz- oder Saatrichtung des Isolierstreifens anders zu wählen als die des Versuchsbeetes, z. B. die des Beetes senkrecht dazu. Es kommt natürlich auf das gleiche hinaus, wenn man die Versuchsbeete bedeutend größer anlegt und bei der Kontrolle auf Befall oder bei der Ernte nur die Mitte des Versuchsbeetes zur Beurteilung heranzieht. Bei der Anlage ist diese Planung einfacher, aber dafür muß bei der Kontrolle und Ernte einige Mehrarbeit verrichtet werden.

4. Der Faktor „Behandlung“.

Daß der Faktor *Behandlung* großen Einfluß auf die anzuwendende Versuchsfeldtechnik haben wird, ist ohne weiteres deutlich. Es müssen verschiedene Typen von Versuchen unterschieden werden. Die wichtigsten sind: a) Blanko-Versuche; b) Sorten-Versuche; c) Düngungs-Versuche; d) Krankheitsbekämpfungs-Versuche; e) Pflanzenabstands-Versuche; f) Saatzeit-Versuche (hierher gehören auch Erntezeit-Versuche).

Weiter können verschiedene Kombinationen gemacht werden, die Typen b bis f kommen hierfür in Betracht. Vor allem diese Kombinations-Versuche oder zusammengestellten Versuche können hohe Anforderungen an die anzuwendende Versuchsfeldtechnik stellen.

a) Blanko-Versuche. Diese wurden bereits ausführlich oben behandelt. Außer einem Boden, der so gleichmäßig wie möglich ist, stellen diese Versuche keine besonderen Anforderungen. Die Forderung eines homogenen Bodens gilt übrigens für alle Arten von Versuchen.

b) Sorten-Versuche. Diese können in der Planung einfach sein. Bei derartigen Versuchen geht es meist darum, neue Sorten auf ihre Überlegenheit hin zu beurteilen. Wenn man sehr viel Sorten in die Prüfung einbeziehen will, kommen sogenannte Lattice-squares in Betracht[1]. Hier ist nicht der Platz, darauf näher einzugehen. Auch Versuche mit Unterstämmen fallen in diese Gruppe.

c) Düngungs-Versuche. Diese stellen größere Anforderungen als Sorten-Versuche. Man kennt Düngungs-Versuche mit einfachen und zusammengestellten Düngestoffen. Unter der ersten Gruppe versteht man Düngungs-Versuche, worin die Wirkung eines bestimmten Düngemittels (Chilisalpeter, Thomasmehl usw.) nachgeprüft wird. Zur zweiten Gruppe gehören die N.P.K.-Versuche, die den Zweck haben, festzustellen, welches das optimale Mischungsverhältnis der zu gebenden Düngestoffe ist. Die Schwierigkeiten bei der vollkommen gleichmäßigen Verteilung der Düngestoffe und die Gefahr einer Randwirkung verursachen, daß die Versuchsbeete im Verhältnis zu Sorten-Versuchen bedeutend größer genommen werden müssen. Ein Schema für N. P. K.-Versuche wird im Kapitel „Versuchs-feldschemata" besprochen. Bei diesen Versuchen ist es zu empfehlen, die Behandlungen nach einem bestimmten System über das Versuchsfeld zu verteilen. Das Versuchsfeld kann dabei zuerst in (z. B. 4) Parallelen verteilt werden. Jede Parallele kann dann verteilt werden in eine Anzahl Untergruppen. Alle Versuchsbeete einer Untergruppe erhalten die gleiche Düngung mit einem der zu prüfenden Nährstoffe (am besten von dem Element, von dem die größte Wirkung erwartet wird, z. B. Stickstoff). Jede Untergruppe wird jetzt verteilt in ebenso viele Unter-Untergruppen, wie P-Düngungen verglichen werden. Alle Versuchsbeete einer Unter-Untergruppe erhalten dann die gleiche P-Düngung. Diese Unter-Untergruppen werden anschließend verteilt in Versuchsbeete, jedes Versuchsbeet erhält eine andere K-Düngung. Bei dieser Einteilung hat man die geringste Möglichkeit, Fehler zu machen, während die Kontrolle, auch bei großen, zusammengesetzten Versuchen, keine besonderen Schwierigkeiten ergibt.

d) Krankheitsbekämpfungs-Versuche. Bei der Ausführung dieser Versuche stößt man oft auf Schwierigkeiten, weil man mit zuviel Faktoren, die man nicht in der Hand hat, rechnen muß. Zuerst muß man abwarten, ob die Krankheit in dem bestimmten Jahr genügend stark auftreten wird, um Unterschiede zwischen den Methoden der Bekämpfung oder Unterschiede zwischen den Bekämpfungsmitteln deutlich zum Ausdruck kommen zu lassen. Voraussagen über das Auftreten von Pflanzenkrankheiten können hierbei von großer Bedeutung sein. Die Wirkung der verschiedenen Mittel und Behandlungsmethoden ist oft abhängig von den Wetterbedingungen.

Weiter ist es oft nicht einfach, ein Gebiet zu finden, in dem die Krankheit gleichmäßig auftritt. Dies ist jedoch eine Voraussetzung für eine richtige Beurteilung der Ergebnisse. Das in Frage kommende Gewächs ist natürlich von großem Einfluß auf die Größe des Versuchsfeldes. Bekämpfungs-Versuche an

---

[1] Vgl. Veröffentlichungen Nr. 289 und 318 der Versuchsstation Jowa (USA.).

Obstbäumen beschlagnahmen nun einmal ein größeres Gelände als z. B. Versuche zur Bekämpfung der Möhrenfliege. Bei Krankheitsbekämpfungs-Versuchen müssen im Vergleich mit anderen Versuchsarten die größten Versuchsbeete gebraucht werden.

e) und f) Pflanzenabstands- und Saatzeit-Versuche. Zu dieser Versuchsart sind auch die Erntezeit-Versuche zu rechnen. Die Anlage dieser Versuche ist wieder viel einfacher. Das beste Ergebnis erhält man, wenn Versuche dieser Art mit einem oder mehreren systematischen Faktoren kombiniert werden. So kommt man zu den Kombinationsversuchen: Sorten + Pflanzenabstand, Saatzeit + Düngung usw. Auch hier kann wieder empfohlen werden, das Versuchsfeld in Untergruppen zu verteilen (und nach Bedarf die Untergruppen wieder in Unter-Untergruppen). In jeder Untergruppe ist dann z. B. der Pflanzenabstand oder die Saat- oder Erntezeit dieselbe. Für bestimmte Versuche werden sich noch einige weitere Faktoren aufzeigen lassen, mit denen man rechnen muß. Bei Insektenbekämpfungsversuchen ist z. B. die Jahreszeit von Bedeutung (Frühjahrs- und Herbstbekämpfung). Derartige Faktoren, die nur für wenige, spezielle Versuche Bedeutung haben, werden hier nicht behandelt. Auch die Laboratoriums-Versuche und Topfpflanzen-Versuche passen nicht in den Rahmen dieser Besprechung. In den vorhergehenden Regeln wurde untersucht, welches die wichtigsten Faktoren sind, mit denen die Versuchsfeldtechnik rechnen muß, während außerdem angegeben wurde, inwiefern diese Faktoren einen Einfluß auf die anzuwendende Versuchsfeldtechnik haben können. Diese Übersicht ist natürlich in keiner Weise vollständig. Man hat diese Faktoren auch in ihrem gegenseitigen Zusammenhang zu betrachten. Zwischen allen Faktoren besteht eine bestimmte Wechselwirkung, so daß man nicht einen bestimmten Faktor untersuchen kann, ohne auch die anderen in die Betrachtung einzubeziehen.

Es ist hier nicht möglich, tiefer auf diese Wechselwirkung einzugehen, es wird jedoch deutlich sein, daß die Faktoren Boden, Klima, Gewächs und Behandlung in ihrem gegenseitigen Zusammenhang betrachtet werden müssen und daß es erst bei genügender Bekanntschaft mit diesen Faktoren und mit den zwischen ihnen bestehenden Wechselwirkungen möglich ist, technisch richtig geplante Versuche auszuführen. Nur in diesem Fall können die Versuche eine Gewähr dafür geben, daß durch sie eine bessere Einsicht in bisher unbekannte Vorgänge erhalten wird.

XIV. Schemata für Versuchsfelder.

Wir erwähnten bereits, daß jedes Gewächs bestimmte Anforderungen an die Planung eines Versuchs stellt. Es ist hier nicht möglich, alle diese Forderungen zu besprechen. Wohl können wir aber in großen Linien angeben, welchem Schema ein Versuch entsprechen muß, um mit Berücksichtigung der durch das Gewächs oder durch die Behandlung gestellten Anforderungen eine möglichst genaue Beurteilung zuzulassen. Zuerst können wir bemerken, daß die Behandlungen nicht immer in der gleichen Reihenfolge angewendet werden dürfen. Die Anordnung der Objekte kann zufällig, nach dem Los sein, oder anders ausgedrückt derart, daß von einer gewissen Willkür gesprochen werden kann. Bei Versuchen mit mehr als einem systematischen Faktor ist man oft verpflichtet, im Hinblick auf die auszuführenden Arbeiten eine gewisse Regelmäßigkeit im Versuchsfeldschema anzuwenden, mit anderen Worten, die Anlage von Untergruppen in einem Block ist oft notwendig (Spritz-Versuche). Die Untergruppen müssen dann in jedem Block so gut wie möglich verteilt sein. Wenn die Anzahl Untergruppen je Block klein ist, dann ist meist eine Latin-square-Einteilung sehr zu empfehlen.

Nachstehend werden jetzt einige Schemata gegeben. Man tut gut daran, diese Schemata nicht kritiklos zu übernehmen und bedenke, daß jeder Versuch seine Eigenarten hat und besondere Anforderungen mit sich bringt.

1. Versuchsfelder mit einem systematischen Faktor.

Schema 1a. Die 5 verschiedenen Behandlungsarten (A bis E) (Rassen oder Düngung o. ä.) sind in der ersten Parallele in Reihenfolge gelegt, in den übrigen Parallelen sind die Objekte nach dem Zufall verstreut. Am besten gibt man den Beeten eine quadratische Form, auch das ganze Versuchsfeld macht man am besten quadratisch.

Die Planung nach Schema 1a hat den Nachteil, daß das Los wohl einmal ergeben kann, daß in einer Parallele (Block) eine Behandlung zweimal vorkommt. Darum ist es in der Regel besser, *Schema 1b* zu benutzen. Hierin sind die Objekte (Behandlungen) nach dem „Rösselsprung“ über das Versuchsfeld verstreut. Man kann dann zugleich bei der statistischen Auswertung einen Reihen- und Spaltenfaktor in Rechnung bringen. Reihen und Spalten sind nach dem Zufall über das Versuchsfeld zu verteilen.

Schema 1a.

Parallelen.

a	b	c	d
A	C	D	B
B	D	A	E
C	E	B	C
D	A	C	D
E	B	E	A

Schema 1b.

A	B	C	D	E
D	E	A	B	C
B	C	D	E	A
E	A	B	C	D
C	D	E	A	B

2. Versuchsfelder mit zwei systematischen Faktoren.

Sehr geeignet ist hierbei die Kombination Latin-square-Parallelen-Versuch. Den Faktor, von dem man den größten Einfluß erwartet, ordnet man nach einem Latin-square an, den Faktor, von dem man einen geringeren Einfluß erwartet, verteilt man nach dem Los. Wenn man nämlich von einer Behandlung einen deutlichen Einfluß erwartet, dann ist es nicht nötig, diese Behandlung oft zu wiederholen. Den Anforderungen, die durch den theoretischen F-Wert gestellt werden, wird bei einer Planung mit 3 oder 4 Parallelen (Wiederholungen) sicher genügt. In Schema 2 stellen I, II und III die Behandlungen dar, von denen man den meisten Einfluß erwartet. Jede Behandlung kommt im ganzen dreimal vor. A bis D ist die Behandlung, von der man den geringsten Einfluß erwartet. Diese Behandlung kommt im ganzen neunmal vor. Bei der hier gegebenen Anordnung hat man wieder den Vorteil, daß „Parallelen“ auf zwei Arten gewählt werden können, nämlich in der vertikalen Richtung a_1, b_1 und c_1, und in der „horizontalen Richtung" a_2, b_2 und c_2.

Schema 2.

	a_1	b_1	c_1
a_2	A | B — I — C | D	C | A — II — D | B	D | C — III — A | B
b_2	B | A — II — C | B	C | D — III — D | A	C | A — I — B | D
c_2	B | A — III — D | C	C | D — I — A | B	A | B — II — D | C

3. Versuchsfelder mit drei systematischen Faktoren.

Diese sind als eine Ausbreitung von Versuchen mit zwei systematischen Faktoren zu betrachten. Wieder gilt, daß die Behandlung, von der man den größten Einfluß erwartet, die geringste Anzahl Male wiederholt wird. Schema 3 gibt ein Beispiel für die Anordnung derartiger Versuche. Wieder kann man auf zwei Arten die Parallelen wählen (a_1, b_1 c_1 und a_2, b_2, c_2).

Schema 3.

A, B und C sind die drei systematischen Faktoren.

	a_1	b_1	c_1
a_2	B_1 | B_2 | B_2 A_1	B_2 | B_1 | B_3 A_3	A_2
b_2	C_1 C_2 C_3 C_4 C_3 C_1 C_3 C_1 C_4 C_2 C_4 C_2 A_2	A_2	A_1
c_2	A_3	A_1	A_3

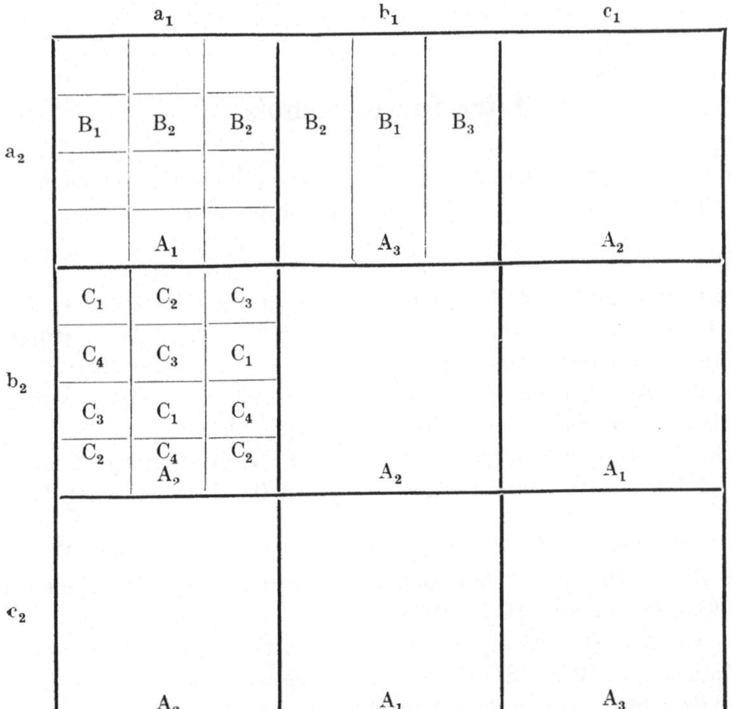

4. Schema für N. P. K.-Versuche.

Schema 4 gibt ein Beispiel für die Planung von N. P. K.-Versuchen für drei Stufen. Je nachdem, ob sich die Anzahl der Stufen ändert, wird sich das Versuchsschema ebenfalls ändern. In Schema 4 ist die Anordnung gewählt, daß jede Düngungsstufe in jedem dick umrandeten Fach $3 \times$ vorkommt. Block a_2 ist als Demonstrationsbeet gewählt, die Anordnung der Objekte hierin ist eine logische. Für die exakte Planung ist dies weniger erwünscht, aber bei der Kontrolle ist eine logische Anordnung der Objekte in einer der Parallelen sehr bequem.

Schema 4.

	a_1			b_1			c_1		
	000	001	002	010	011	012	020	021	022
a_2	100	101	102	110	111	112	120	121	122
	200	201	202	210	211	212	220	221	222
	120	020	121	000	200	101	110	210	111
b_2	122	222	022	102	001	100	112	010	212
	220	021	221	202	002	201	012	011	211
	110	212	012	020	122	021	002	200	101
c_2	111	112	010	022	222	220	102	100	201
	210	110	211	120	121	221	202	000	001

Literaturverzeichnis.

Für die weitere Einarbeitung in die Grundlagen der statistischen Auswertung von Versuchen sind u. a. folgende Bücher zu empfehlen:

1. Deutsch.

GEBELEIN, H.: Zahl und Wirklichkeit. Leipzig: Quelle & Meyer 1943.

HARTE, C.: Die Anwendung der Varianzanalyse bei der Auswertung zytologischer Untersuchungen: Chromosoma, 3. Bd. Wien: Springer 1950.

MUDRA, A.: Anleitungen zur Durchführung und Auswertung von Feldversuchen nach neueren Methoden. Leipzig: S. Hirzel 1949.

RINGLEB, F.: Mathematische Methoden der Biologie. Leipzig: Teubner 1937.

WEBER, E.: Grundriß der biologischen Statistik. Jena: Fischer 1948.

2. Englisch (besonders wichtig für die hier dargestellten Methoden).

FISHER, R. A.: Statistical Methods for Research Workers. Neuaufl. Edinburgh-London: Oliver and Boyd 1938.

— u. F. YATES: Statistical tables for biological, agricultural and medical research. Edinburgh 1938. (Sehr wichtiges Tabellenwerk.)

MATHER, K.: Statistical analysis in Biology. London: Methuen & Co. 1943.

t-Tafel

$n =$ F.G.	$P = 0,9$	0,8	0,7	0,6	0,5	0,4	0,3	0,2	0,1	0,05	0,02	0,01
1	0,158	0,325	0,510	0,727	1,000	1,376	1,963	3,078	6,314	12,706	31,821	63,657
2	0,142	0,289	0,445	0,617	0,816	1,061	1,386	1,886	2,920	4,303	6,965	9,925
3	0,137	0,277	0,424	0,584	0,765	0,978	1,250	1,638	2,353	3,182	4,541	5,841
4	0,134	0,271	0,414	0,569	0,741	0,941	1,190	1,533	2,132	2,776	3,747	4,604
5	0,132	0,267	0,408	0,559	0,727	0,920	1,156	1,476	2,015	2,571	3,365	4,032
6	0,131	0,265	0,404	0,553	0,718	0,906	1,134	1,440	1,943	2,447	3,143	3,707
7	0,130	0,263	0,402	0,549	0,711	0,896	1,119	1,415	1,895	2,365	2,998	3,499
8	0,130	0,262	0,399	0,546	0,706	0,889	1,108	1,397	1,860	2,306	2,896	3,355
9	0,129	0,261	0,398	0,543	0,703	0,883	1,100	1,383	1,833	2,262	2,821	3,250
10	0,129	0,260	0,397	0,542	0,700	0,879	1,093	1,372	1,812	2,228	2,764	3,169
11	0,129	0,260	0,396	0,540	0,697	0,876	1,088	1,363	1,796	2,201	2,718	3,106
12	0,128	0,259	0,395	0,539	0,695	0,873	1,083	1,356	1,782	2,179	2,681	3,055
13	0,128	0,259	0,394	0,538	0,694	0,870	1,079	1,350	1,771	2,160	2,650	3,012
14	0,128	0,258	0,393	0,537	0,692	0,868	1,076	1,345	1,761	2,145	2,624	2,977
15	0,128	0,258	0,393	0,536	0,691	0,866	1,074	1,341	1,753	2,131	2,602	2,947
16	0,128	0,258	0,392	0,535	0,690	0,865	1,071	1,337	1,746	2,120	2,583	2,921
17	0,128	0,257	0,392	0,534	0,689	0,863	1,069	1,333	1,740	2,110	2,567	2,898
18	0,127	0,257	0,392	0,534	0,688	0,862	1,067	1,330	1,734	2,101	2,552	2,878
19	0,127	0,257	0,391	0,533	0,688	0,861	1,066	1,328	1,729	2,093	2,539	2,861
20	0,127	0,257	0,391	0,533	0,687	0,860	1,064	1,325	1,725	2,086	2,528	2,845
21	0,127	0,257	0,391	0,532	0,686	0,859	1,063	1,323	1,721	2,080	2,518	2,831
22	0,127	0,256	0;390	0,532	0,686	0,858	1,061	1,321	1,717	2,074	2,508	2,819
23	0,127	0,256	0,390	0,532	0,685	0,858	1,060	1,319	1,714	2,069	2,500	2,807
24	0,127	0,256	0,390	0,531	0,685	0,857	1,059	1,318	1,711	2,064	2,492	2,797
25	0,127	0,256	0,390	0,531	0,684	0,856	1,058	1,316	1,708	2,060	2,485	2,787
26	0,127	0,256	0,390	0,531	0,684	0,856	1,058	1,315	1,706	2,056	2,479	2,779
27	0,127	0,256	0,389	0,531	0,684	0,855	1,057	1,314	1,703	2,052	2,473	2,771
28	0,127	0,256	0,389	0,530	0,683	0,855	1,056	1,313	1,701	2,048	2,467	2,763
29	0,127	0,256	0,389	0,530	0,683	0,854	1,055	1,311	1,699	2,045	2,462	2,756
30	0,127	0,256	0,389	0,530	0,683	0,854	1,055	1,310	1,697	2,042	2,457	2,750
∞	0,12566	0,25335	0,38532	0,52440	0,67449	0,84162	1,03643	1,28155	1,64485	1,95996	2,32634	2,57582

Abgedruckt aus: Fisher: Statistical methods for research-workers, Oliver and Boyd Ltd, Edinburgh, mit Erlaubnis von Verfasser und Verlag.

F

Werte für n_1, die Anzahl der

$n = $ F.G.	1		2		3		4		5		6		7	
$P = $	0,05	0,01	0,05	0,01	0,05	0,01	0,05	0,01	0,05	0,01	0,05	0,01	0,05	0,01
1	161	4052	200	4999	216	5403	225	5625	230	5764	234	5859	237	5928
2	18,51	98,49	19,00	99,01	19,16	99,17	19,25	99,25	19,30	99,30	19,33	99,33	19,36	99,34
3	10,13	34,12	9,55	30,81	9,28	29,46	9,12	28,71	9,01	28,24	8,94	27,91	8,88	27,67
4	7,71	21,20	6,94	18,00	6,59	16,69	6,39	15,98	6,26	15,52	6,16	15,21	6,09	14,98
5	6,61	16,26	5,79	13,27	5,41	12,06	5,19	11,39	5,05	10,97	4,95	10,67	4,88	10,45
6	5,99	13,74	5,14	10,92	4,76	9,78	4,53	9,15	4,39	8,75	4,28	8,47	4,21	8,26
7	5,59	12,25	4,74	9,55	4,35	8,45	4,12	7,85	3,97	7,46	3,87	7,19	3,79	7,00
8	5,32	11,26	4,46	8,65	4,07	7,59	3,84	7,01	3,69	6,63	3,58	6,37	3,50	6,19
9	5,12	10,56	4,26	8,02	3,86	6,99	3,63	6,42	3,48	6,06	3,37	5,80	3,29	5,62
10	4,96	10,04	4,10	7,56	3,71	6,55	3,48	5,99	3,33	5,64	3,22	5,39	3,14	5,21
11	4,84	9,65	3,98	7,20	3,59	6,22	3,36	5,67	3,20	5,32	3,09	5,07	3,01	4,88
12	4,75	9,33	3,88	6,93	3,49	5,95	3,26	5,41	3,11	5,06	3,00	4,82	2,92	4,65
13	4,67	9,07	3,80	6,70	3,41	5,74	3,18	5,20	3,02	4,86	2,92	4,62	2,84	4,44
14	4,60	8,86	3,74	6,51	3,34	5,56	3,11	5,03	2,96	4,69	2,85	4,46	2,77	4,28
15	4,54	8,68	3,68	6,36	3,29	5,42	3,06	4,89	2,90	4,56	2,79	4,32	2,70	4,14
16	4,49	8,53	3,63	6,23	3,24	5,29	3,01	4,77	2,85	4,44	2,74	4,20	2,66	4,03
17	4,45	8,40	3,59	6,11	3,20	5,18	2,96	4,67	2,81	4,34	2,70	4,10	2,62	3,93
18	4,41	8,28	3,55	6,01	3,16	5,09	2,93	4,58	2,77	4,25	2,66	4,01	2,58	3,85
19	4,38	8,18	3,52	5,93	3,13	5,01	2,90	4,50	2,74	4,17	2,63	3,94	2,55	3,77
20	4,35	8,10	3,49	5,85	3,10	4,94	2,87	4,43	2,71	4,10	2,60	3,87	2,52	3,71
21	4,32	8,02	3,47	5,78	3,07	4,87	2,84	4,37	2,68	4,04	2,57	3,81	2,49	3,65
22	4,30	7,94	3,44	5,72	3,05	4,82	2,82	4,31	2,66	3,99	2,55	3,76	2,47	3,59
23	4,28	7,88	3,42	5,66	3,03	4,76	2,80	4,26	2,64	3,94	2,53	3,71	2,45	3,54
24	4,26	7,82	3,40	5,61	3,01	4,72	2,78	4,22	2,62	3,90	2,51	3,67	3,43	3,50
25	4,24	7,77	3,38	5,57	2,99	4,68	2,76	4,18	2,60	3,86	2,49	3,63	2,41	3,46
26	4,22	7,72	3,37	5,53	2,98	4,64	2,74	4,14	2,59	3,82	2,47	3,59	2,39	3,42
27	4,21	7,68	3,35	5,49	2,96	4,60	2,73	4,11	2,57	3,79	2,46	3,56	2,37	3,39
28	4,20	7,64	3,34	5,45	2,95	4,57	2,71	4,07	2,56	3,76	2,44	3,53	2,36	3,36
29	4,18	7,60	3,33	5,42	2,93	4,54	2,70	4,04	2,54	3,73	2,43	3,50	2,35	3,33
30	4,17	7,56	3,32	5,39	2,92	4,51	2,69	4,02	2,53	3,70	2,42	3,47	2,34	3,30
32	4,15	7,50	3,30	5,34	2,90	4,46	2,67	3,97	2,51	3,66	2,40	3,42	2,32	3,25
34	4,13	7,44	3,28	5,29	2,88	4,42	2,65	3,93	2,49	3,61	2,38	3,38	2,30	3,21
38	4,10	7,35	3,25	5,21	2,85	4,34	2,62	3,86	2,46	3,54	2,35	3,32	2,26	3,15
42	4,07	7,27	3,22	5,15	2,83	4,29	2,59	3,80	2,44	3,49	2,32	3,26	2,24	3,10
46	4,05	7,21	3,20	5,10	2,81	4,24	2,57	3,76	2,42	3,44	2,30	3,22	2,22	3,05
50	4,03	7,17	3,18	5,06	2,79	4,20	2,56	3,72	2,40	3,41	2,29	3,18	2,20	3,02
60	4,00	7,08	3,15	4,98	2,76	4,13	2,52	3,65	2,37	3,34	2,25	3,12	2,17	2,95
80	3,96	6,96	3,11	4,88	2,72	4,04	2,48	3,56	2,33	3,25	2,21	3,04	2,12	2,87
100	3,94	6,90	3,09	4,82	2,70	3,98	2,46	3,51	2,30	3,20	2,19	2,99	2,10	2,82
200	3,89	6,76	3,04	4,71	2,65	3,88	2,41	3,41	2,26	3,11	2,14	2,90	2,05	2,73
1000	3,85	6,66	3,00	4,62	2,61	3,80	2,38	3,34	2,22	3,04	2,10	2,82	2,02	2,66
∞	3,84	6,64	2,99	4,60	2,60	3,78	2,37	3,32	2,21	3,02	2,09	2,80	2,01	2,64

Werte für n_2

Tafel.

F.G. der größeren Varianz

8		10		12		16		20		30		50		100		∞	
0,05	0,01	0,05	0,01	0,05	0,01	0,05	0,01	0,05	0,01	0,05	0,01	0,05	0,01	0,05	0,01	0,05	0,01
239	5981	242	6056	244	6106	246	6169	248	6208	250	6258	252	6302	253	6334	254	6366
19,37	99,36	19,39	99,40	19,41	99,42	19,43	99,44	19,44	99,45	19,46	99,47	19,47	99,48	19,49	99,49	19,50	99,50
8,84	27,49	8,78	27,23	8,74	27,05	8,69	26,83	8,66	26,69	8,62	26,50	8,58	26,35	8,56	26,23	8,53	26,12
6,04	14,80	5,96	14,54	5,91	14,37	5,84	14,15	5,80	14,02	5,74	13,83	5,70	13,69	5,66	13,57	5,63	13,46
4,82	10,27	4,74	10,05	4,68	9,89	4,60	9,68	4,56	9,55	4,50	9,38	4,44	9,24	4,40	9,13	4,36	9,02
4,15	8,10	4,06	7,87	4,00	7,72	3,92	7,52	3,87	7,39	3,81	7,23	3,75	7,09	3,71	6,99	3,67	6,88
3,73	6,84	3,63	6,62	3,57	6,47	3,49	6,27	3,44	6,15	3,38	5,98	3,32	5,85	3,28	5,75	3,23	5,65
3,44	6,03	3,34	5,82	3,28	5,67	3,20	5,48	3,15	5,36	3,08	5,20	3,03	5,06	2,98	4,96	2,93	4,86
3,23	5,47	3,13	5,26	3,07	5,11	2,98	4,92	2,93	4,80	2,86	4,64	2,80	4,51	2,76	4,41	2,71	4,31
3,07	5,06	2,97	4,85	2,91	4,71	2,82	4,52	2,77	4,41	2,70	4,25	2,64	4,12	2,59	4,01	2,54	3,91
2,95	4,74	2,86	4,54	2,79	4,40	2,70	4,21	2,65	4,10	2,57	3,94	2,50	3,80	2,45	3,70	2,40	3,60
2,85	4,50	2,76	4,30	2,69	4,16	2,60	3,98	2,54	3,86	2,46	3,70	2,40	3,56	2,35	3,46	2,30	3,36
2,77	4,30	2,67	4,10	2,60	3,96	2,51	3,78	2,46	3,67	2,38	3,51	2,32	3,37	2,26	3,27	2,21	3,16
2,70	4,14	2,60	3,94	2,53	3,80	2,44	3,62	2,39	3,51	2,31	3,34	2,24	3,21	1,29	3,11	2,13	3,00
2,64	4,00	2,55	3,80	2,48	3,67	2,39	3,48	2,33	3,36	2,25	3,20	2,18	3,07	2,12	2,97	2,07	2,87
2,59	3,89	2,49	3,69	2,42	3,55	2,33	3,37	2,28	3,25	2,20	3,10	2,13	2,96	2,07	2,86	2,01	2,75
2,55	3,79	2,45	3,59	2,38	3,45	2,29	3,27	2,23	3,16	2,15	3,00	2,08	2,86	2,02	2,76	1,96	2,65
2,51	3,71	2,41	3,51	2,34	3,37	2,25	3,19	2,19	3,07	2,11	2,91	2,04	2,78	1,98	2,68	1,92	2,57
2,48	3,63	2,38	3,43	2,31	3,30	2,21	3,12	2,15	3,00	2,07	2,84	2,00	2,70	1,94	2,60	1,88	2,49
2,45	3,56	2,35	3,37	2,28	3,23	2,18	3,05	2,12	2,94	2,04	2,77	1,96	2,63	1,90	2,53	1,84	2,42
2,42	3,51	2,32	3,31	2,25	3,17	2,15	2,99	2,09	2,88	2,00	2,72	1,93	2,58	1,87	2,47	1,81	2,36
2,40	3,45	2,30	3,26	2,23	3,12	2,13	2,94	2,07	2,83	1,98	2,67	1,91	2,53	1,84	2,42	1,78	2,31
2,38	3,41	2,28	3,21	2,20	3,07	2,10	2,89	2,04	2,78	1,96	2,62	1,88	2,48	1,82	2,37	1,76	2,26
2,36	3,36	2,26	3,17	2,18	3,03	2,09	2,85	2,02	2,74	1,94	2,58	1,86	2,44	1,80	2,33	1,73	2,21
2,34	3,32	2,24	3,13	2,16	2,99	2,06	2,81	2,00	2,70	1,92	2,54	1,84	2,40	1,77	2,29	1,71	2,17
2,32	3,29	2,22	3,09	2,15	2,96	2,05	2,77	1,99	2,66	1,90	2,50	1,82	2,36	1,76	2,25	1,69	2,13
2,30	3,26	2,20	3,06	2,13	2,93	2,03	2,74	1,97	2,63	1,88	2,47	1,80	2,33	1,74	2,21	1,67	2,10
2,29	3,23	2,19	3,03	2,12	2,90	2,02	2,71	1,96	2,60	1,87	2,44	1,78	2,30	1,72	2,18	1,65	2,06
2,28	3,20	2,18	3,00	2,10	2,87	2,00	2,68	1,94	2,57	1,85	2,41	1,77	2,27	1,71	2,15	1,64	2,03
2,27	3,17	2,16	2,98	2,09	2,84	1,99	2,66	1,93	2,55	1,84	2,38	1,76	2,24	1,69	2,13	1,62	2,01
2,25	3,12	2,14	2,94	2,07	2,80	1,97	2,62	1,91	2,51	1,82	2,34	1,74	2,20	1,67	2,08	1,59	1,96
2,23	3,08	2,12	2,89	2,05	2,76	1,95	2,58	1,89	2,47	1,80	2,30	1,71	2,15	1,64	2,04	1,57	1,91
2,19	3,02	2,09	2,82	2,02	2,69	1,92	2,51	1,85	2,40	1,76	2,22	1,67	2,08	1,60	1,97	1,53	1,84
2,17	2,96	2,06	2,77	1,99	2,64	1,89	2,46	1,82	2,35	1,73	2,17	1,64	2,02	1,57	1,91	1,49	1,78
2,14	2,92	2,04	2,73	1,97	2,60	1,87	2,42	1,80	2,30	1,71	2,13	1,62	1,98	1,54	1,86	1,46	1,72
2,13	2,88	2,02	2,70	1,95	2,56	1,85	2,39	1,78	2,26	1,69	2,10	1,60	1,94	1,52	1,82	1,44	1,68
2,10	2,82	1,99	2,63	1,92	2,50	1,81	2,32	1,75	2,20	1,65	2,03	1,56	1,87	1,48	1,74	1,39	1,60
2,05	2,74	1,95	2,55	1,88	2,41	1,77	2,24	1,70	2,11	1,60	1,94	1,51	1,78	1,42	1,65	1,32	1,49
2,03	2,69	1,92	2,51	1,85	2,36	1,75	2,19	1,68	2,06	1,57	1,89	1,48	1,73	1,39	1,59	1,28	1,43
1,98	2,60	1,87	2,41	1,80	2,28	1,69	2,09	1,62	1,97	1,52	1,79	1,42	1,62	1,32	1,48	1,19	1,28
1,95	2,53	1,84	2,34	1,76	2,20	1,65	2,01	1,58	1,89	1,47	1,71	1,36	1,54	1,26	1,38	1,08	1,11
1,94	2,51	1,83	2,32	1,75	2,18	1,64	1,99	1,57	1,87	1,46	1,69	1,35	1,52	1,24	1,36	1,00	1,00

Post-Harte, Feldversuche.

Sachverzeichnis.